刘卫东 著

石说 64 卦

北京时代华文书局

图书在版编目（CIP）数据

石说 64 卦 / 刘卫东著 . -- 北京：北京时代华文书局，2020.11

ISBN 978-7-5699-3939-2

Ⅰ . ①石… Ⅱ . ①刘… Ⅲ . ①石－鉴赏－中国 ②《周易》－研究 Ⅳ . ① TS933.21 ② B221.5

中国版本图书馆 CIP 数据核字（2020）第 213993 号

石 说 6 4 卦

Shi Shuo 64 Gua

著　者 | 刘卫东

出 版 人 | 陈　涛
责任编辑 | 周海燕　黄　琴
责任校对 | 周连杰
封面设计 | 程　慧　郭媛媛
版式设计 | 段文辉
责任印制 | 訾　敬

出版发行 | 北京时代华文书局 http://www.bjsdsj.com.cn
　　　　　北京市东城区安定门外大街 138 号皇城国际大厦 A 座 8 楼
　　　　　邮编：100011　电话：010 - 64267120　64267397
印　　刷 | 北京盛通印刷股份有限公司　　电话：010-52249888
　　　　　（如发现印装质量问题，请与印刷厂联系调换）
开　　本 | 710mm×1000mm　1/16　印　张 | 13.5　字　数 | 170 千字
版　　次 | 2021 年 3 月第 1 版　　　印　次 | 2021 年 3 月第 1 次印刷
书　　号 | ISBN 978-7-5699-3939-2
定　　价 | 108.00 元

自序

　　小的时候，母亲告诉我，洗脸不能用太多的水。我懵懂地问为什么？她说："人活着的时候如果浪费了太多的水，将来人死后，阎王爷就会让他喝自己活着时无缘无故浪费的脏水。"我们兄妹几人都怕喝脏水，所以一家人早晨洗脸都是用那一盆水，轮到我洗脸时我就嫌水不干净了，妈妈又说："水不染人，水这东西只脏它自己。"从小这些糊里糊涂的观念一直影响和伴随着我。现在我都很少去洗车，去洗的时候也是一遍一遍地提醒人家："行了，行了。"去浴池洗澡，经常看见许多人往自己身上打浴液时，水龙头还哗哗地开着，真的挺心疼那水。有一次就把离我近的水龙头给关上了，那个人不好眼地瞅我。从此以后，我很少去浴池洗澡了。眼不见，心不烦。有时自己在家冲一下，前后不过三四分钟。好几年没去浴池了，想必现在那里的水也不那样白白流淌了吧！随着自己年龄的增长对妈妈说过的话感悟日深：惜水爱水的同时，我们人生的不同阶段更像水一样，既要四处流动，又需曲折迂回；既要川流不息，又需源头活水；既要乾行不已，又需适可而止。人修为到一定程度，似水深流缓而波澜不惊，似绵绵无际而厚重有力。具体到现实中的个人，就是要身体力行，从点滴做起。

如果没有母亲从小这种"举头三尺有神明"朴实的言传身教，我今天就不可能怀着一种敬畏之心自觉地养成了一些好的习惯。我儿子小的时候，我也很注重节俭方面的说教。他可能比我当年领悟得快一些，竟然写出了一篇《一页纸的旅行》，登在了当地的晚报上。现在我俩外出吃饭，已经不用我再提醒："用半块纸擦擦嘴得了。"

祖孙三代人，母亲没上过学，我初中毕业就参军了，儿子长于大好时代。其实这些朴素的道理真是"百姓日用而不知"。但通过一些有效的言传身教，而让我们养成好的习惯这是不是也是一种传承呢？现在的我们，是不是需要反思一下自己是怎么使用一滴水、一页纸的？可能有不少的人还会发出最无知、最悲哀的辩解：没有人教我啊！再加之现在是网络时代，人们的思想意识更趋多元，各种文化相互激荡，这就难免各种意识鱼龙混杂，泥沙俱下。一些别有用心之人又会用各种方式与我们争夺"舆论"高地，不要理所当然地认为给你"奶头儿"的就是娘。现在的我们一定要认真学习领会自己传统文化的精神实质，不要被一些别有用心的思潮所洗脑、所蒙蔽。几千年"易"之智慧就是敲醒当代龙之传人的"利器"。人是需要精神的，我们不能守着祖先留给我们的宝贝而缘木求鱼，南辕北辙，自毁前程。以什么样的方式方法告诉当下的人们更好地继承和发扬中华民族优秀传统文化，与时俱进、古为今用，恐怕是现在教育的当务之急，而不是连自己的母语都没有学好而要求外语要过多少级。

基于以上朴实的初衷，本人不知天高地厚地产生了一个想法：石说64卦。

我们的原始祖先居高山、住山洞、制石器、斗自然。即使"下山"后，也要盖石房、垒石墙……石在人类进化过程中发挥了不可估量和难以想象的作用。宁可食无肉，不可居无石。室无石不雅……中国人对石的喜爱溢于言表。有时候我就想，古人的第一缕火光是不是也是因为石头与石头之间的碰撞而产生的呢？如果真是那样的话，我们就更加找到了中国人用石、爱石、亲石、赞石的原始基因了。

《易经》更是世历三古、人更三圣，被奉为群经之首，大道之源。古时候，它就是很多大家的必修之课，更是教化万民的独家"秘籍"。而当代的我们因为忙这忙那，可能又因为年代久远，很少有人去系统地学习它，甚至歪解了它的本真。即便如此，"易"之大道也时刻存在于华夏的每一个角落、"易"之智慧和思维也时刻默默流淌在每一个中国人的血脉里。一画开天辟地。历朝历代，解易者众多，仁者见仁，智者见智。老祖宗留给我们的无价瑰宝，我们有责任与时俱进的传承和发扬。如果我们今天能把中国人对石的情结与"易"之大道找个合理的切入点相对结合起来，岂不妙哉？！"形而上者谓之道，形而下者谓之器"，寻有形之石喻无形之道，亦如古人形容心脏为"心为君主之官，神明出焉"。若能将"石""易"类此结合表述岂不既形象易懂，又会意传神，进而还能够留有很大空间让人去感悟？

温饱之后的人们喜石爱石，可能更趋向于喜石之象形，爱石之意境。石之象形，不同的人站在不同的角度就会有不一样的想象和理解，进而给人不同的启迪和感悟，达到修身养性的目的。从这一角度扩展开来，文玩字画、花鸟虫鱼、金石翡翠，就是赋予了一定的意境想象，寄予了个人认同的内在灵性才彰显不同的价值，你认为一文不值，在他心里可能价值连城。所以我认为这些东西没有孰高孰低，有的只是时光的沉淀、个人的偏爱和自己的一份心情。这其中，从某种程度上可能会反映出一个人的审美，甚至是人生追求。反映这些的前提必须以尊重和包容为当然。如果稍微需要一丝底蕴的话，是否可以赋予一点文化的厚重呢？易经多是通过宇宙万象来讲出人生的伦理道德，不同的人站在不同的立场上习之，就会有不一样的收获和感悟。

二者从这个意义上讲，就能找到一些合理的切入点——用石之象形喻"易"之意境、以"易"之义理赋之于石身，以石说易、以易赞石。这样的石易结合，形象生动、通俗易懂，让人印象深刻，不枯燥乏味，能产生兴趣而引起共鸣，进而对石文化，特别是对中华传统文化岂不是很好的传承和发扬？因"易"之理广大精微，包罗万象，穷其一生能悟之一二，可谓幸甚；日月精华润石于无声，寻石于象形，天南海北又并非易事。读《易经》能读出许多君子，也能读出不少小人。"石"与"易"又要力争形理恰当结合，更是难上加难。当今时代，人们工作、生活节奏快，时间更是宝贵。如何以更短的话语道出一点有益的启示，让人们愿意看一看古之经典，也是《石说64卦》的苦心。由于本人涉世未深，才疏学浅，诚惶诚恐。唯心意已决，颇有初生牛犊之势，若干年来苦心寻觅积累，哪怕诠释出一点滴，让人们能够吸收一点点先贤思想之光芒，也算不枉做了一点有意义的事情。

我对易理一点粗浅的理解：

简易 把看似繁杂的事情想得简单一些。也就是把繁杂的问题通过认真的梳理，去除枝节末叶，抓住主干，进而抓大放小，抓住核心部分，看透事物的本质，聚焦问题导向而得其要领。这样才能在处理繁杂问题时抽丝剥茧，有的放矢，不眉毛胡子一把抓，进而增强做事的信心。亦如我们学习易经，好像老虎吃天无从下手。如果我们本着这种"简易"的思维，先从象、数、理进入，进而把卦名、卦象、卦辞、象辞、爻辞、象辞之间的关系先弄明白，而后再深入领会就能事半功倍。卦名不难理解，就是此卦叫什么卦。卦象，六爻排列组合而成，八八六十四象。卦辞，解释卦名之辞。象辞，用以解释卦辞，道出全卦之大要。爻辞，用来解释每一个爻，道出某一节点或某一阶段的情形。象辞分为大象和小象，进一步综合感悟全卦的叫作大象，进一步解释每一爻的叫作小象。

把繁杂的事情简单化是智慧，举重若轻也。

变易 把看似简单的事情想得复杂一些。也就是通过发散思维，对一件简单的事情多问几个为什么。尽量多地还原简单事物背后的真相，在一个极简的骨骼上做好肌肉、血管等的排布组合，让事物更接近于本来的面貌，进而增强我们对事物细节的思考。这样更能透过事物的表象看清更深层次的本质。例如，易经里看似一个简单的卦名，都要深刻地想一想为什么要叫这么一个卦名，认真感悟一字一太极的魅力。每一个卦都有错卦，绝大部分都有综卦、交卦，卦中又有卦。把卦与卦要两两地看，又要把几个卦结合在一起来看，这样才能把其中的道理领悟得更深一些。大千世界，芸芸众生，不是非黑即白，六爻排列组合，牵一发而动全身。每一个爻在不同的卦里、不同的位置上、不同的时段中，其意境和意义又有天壤之别，都需要因时因事仔细地参悟。八八六十四卦，看似有数之数，实则包罗万象，无所不包，给人以无限的想象空间。个人认为，变易里面从某种程度上包含交易的成分。通过交易达成变易，通过变易又促成交易。你中有我，我中有你，进而无穷无尽。

把简单的事物复杂化是本事，举轻若重也。

不易 天地运行，循环往复。虽有阴缺圆晴，但日出东方，日落西方，白天黑昼，春夏秋冬，亘古不变。这就告诉我们，人虽有高矮胖瘦，悲欢离合，但"仁义礼智信"做人的基本原则不能变，积极向上，乐善好施，尊老爱幼，奋发图强的美德不能变。

变是世界发展永恒的主题。但老祖宗告诉万物之灵的我们，我们可以以不变应万变，万变不离其宗。那个太极永远在那，人心永远在那，梦想永远在那，真善美永远在那，石之"坚硬"亦如我们中华民族的铮铮傲骨和家国情怀永远在那。中华几千年"易"之智慧也一直静静地在那！因为它似"金山宝库"永远不曾改变，才使得我们坚定不变地信仰，追随、追寻它的脚步一刻也不曾停歇！

天地自然伦理有大道，是正经，持经达变也。

喜石赏石，修身养性；集齐诸石，感恩天地造物之功！读易知易，修己安人；师古烁今，感恩祖先智慧之晶！用"易"之理来喜石能够提高赏石的境界，以石之象形来说"易"能够有助于对易的理解，加深印象。二者结合再加上您悟于其中，已形成"三"之格局。随着时间的推移，定能增益您的人生哲学，让您为学日益，颇多受益。历史车轮浩浩向前，"不可为典要，唯变所适"。与时俱进真典要也！世间万物，情理其中。悟道做到，善莫大焉。

刘卫东

目　录

石说64卦

2

乾

¹ 乾为天　定好己位

桂林鸡血玉

15cm × 33cm × 40cm

此石中间图案形似一条龙在空中飞舞，若隐若翔。我们都说自己是龙的传人，那么我们首先就要知道龙最大的特点：不管身处何时都能翻手为云、覆手为雨地奋发有为；不管身居何地都是能飞则飞、能潜则潜地自强不息。龙的这种因时因势的美德和特性隐喻提示我们做人就是要在人生的不同阶段找准自己的定位。

"见群龙无首，吉"就是要告诉我们这样一个朴素的道理：

我是一名普通的劳动者，就要学习时传祥，立足本职，兢兢业业；我主政一地，就要学习焦裕禄，鞠躬尽瘁，造福一方。

在人生的长河里，你是该"潜"还是该"飞"，要根据自身实际、理想愿望、爱好特长、气候环境，结合所处具体位置，找准自己的定位，定好己位再"换位"。这样我们就能够在人生的不同阶段做出恰当的选择，还能够因时因事做出合理的调整。这些选择和调整务必以爱国奉献、遵纪守法、有所敬畏为大前提。德能配位才有位！只有这样你才能不卑不亢、堂堂正正，做自己人生的王者。

潜龙勿用多历练，

让你用时才会干。

做出业绩要惕甜，

把住机遇可上乾。

为相之日做虎伴，

自己尊时不武断。

人生多修天地德，

不同阶段好表现。

^{2}坤 坤为地 甘于奉献

四川翠竹绿
2.7cm × 2.7cm × 10cm

此对章头部似两人在友好交流，这时下面广袤的土地显得非常平整柔顺，正应"地势坤"之象；对章反之摆放似两人背道而驰，下面的土地就显得坑洼不平，警示我们"厚德才能载物"。此象喻指：只要诚心相对，就柔顺刚正，则配合得方；若反目成仇，就柔极成刚，则贻害各方。上至一个国家的大政方针，需要全体国民紧跟战略部署用心地去贯彻落实；下到一个家庭的房里屋外，也需要有人任劳任怨又心甘情愿地去打理付出。没有人去落实和打理，再好的决策也难以实现，再好的愿景也会落空。"下面"具体的实施者与"上面"要有良好的互动配合，"上"与"下"在各自平面内都要身体力行，各安其位，甘于奉献，彼此还要上下一心，和衷共济，通力协作。撸起袖子加油干，幸福是奋斗出来的。空谈误国，实干兴邦。"三顾频烦天下计，两朝开济老臣心。"家有贤妻合家欢，谁唱谁随都心甘！

见微知著缘于心，
甘于奉献是本真。
将奉帅命将在外，
当好助手和纽带。
诚心辅助九五悦，
两情长久别懈怠。
处处帮衬多补台，
乾坤悟道好运来。

³屯 水雷屯 扎根之旅

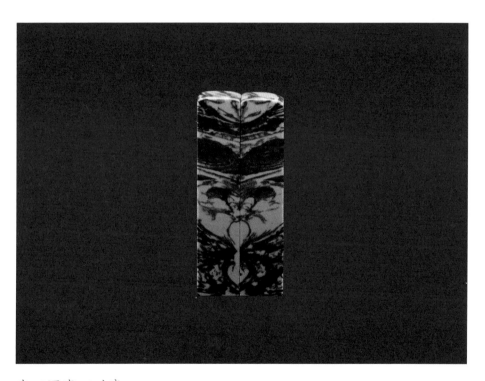

青田图案石对章
3cm × 3cm × 14cm

此对章下部形似一子宫孕育生命，中间似一甲虫伸着"双剪"，上似层层乌云压境，喻指始生之难。但不管时代风云如何变幻，哪怕寒门学子，抑或富家子弟，出生入世之时，没有高低贵贱之分，只有"地利"之别。能否殊途同归，就看你如何用自己的奋发努力换得"天时"又"人和"了。

大千世界，无平不陂；芸芸众生，千差万别。俗话说："万事开头难，头三脚难踢。"毛主席领导中国革命也是从艰难的建立小片儿的根据地开始的，有点燃星星之火之地，才可渐成燎原之势。这就启示我们，只要你是在做正当的事，这就是最大的"天时"。这时我们就要坚定信念，认真接受困难的考验，再苦再难也要坚持。此时人亦微、言更轻，此时更要摆正自己的位置，根据自身实际，寻得立锥之地，站住脚跟，安身立命再图发展。初出茅庐要沉心静气，低调为人，谦虚好学，埋下头来扎扎实实地充实自己，通过数年如一日持之以恒的不懈努力，通过时时刻刻奋发图强的刻苦磨炼，默默地点滴积蓄力量。这个过程肯定会充满曲折和辛劳，你的努力和执着也定会感染和影响很多的人，这时的历练和上进就会为你积攒很多的人脉，这就是你最大的"人和"。只有当你把"天时"和"人和"累积到一定程度，才能我的"地盘"我做主，进而就能开启人生的广阔舞台。此时悄然回首，其实你已经走出了很远，其实你肩上的担子一直有人与你风雨同舟，负重前行。

万物始生非常难，不要盲目来乐观。
站稳脚跟稳住根，根深才能蒂固深。

⁴蒙 山水蒙 蒙以养正

老挝三彩黄
13cm × 23cm × 30cm

此石刻画的是下边两长者正要到中间人多的地方去讲学抑或听讲；中间部分的老、中、幼正在互相学习交流；最上部又似两人在潜心修道，喻指已经达到了很高层次。

此卦阐释"教"与"学"。已见以"学"为主——"生"要学，"师"亦要学。给人一杯水，自己要有一桶水，为人师表，就要言传身教、尽心尽力、以身作则、不误人子弟；为人弟子就要尊师重道、潜心修炼、悟懂吃透、学以致用。"教"就要有教无类，因人施教，方式方法很重要。"学"就要孜孜以求，勤奋好学，用心用脑能悟道。现实生活中，不管你是哪行哪业，身处何方，身居何位，我们都要在"学好"的底线上树立主动学习、终身学习之理念。见贤思齐，三省吾身，我们就能够苟日新、日日新，又日新；举一反三，触类旁通，我们就能够由知识层面进入智慧的境界；学古论今，博采众长，灵活运用，创新发展，我们就能够与时俱进，我们就能够紧跟时代发展的步伐。

不同阶段不同道，
因人施教最重要。
师传己学看悟性，
由知入慧天机妙。

巴林紫云章
3cm × 3cm × 15cm

巴林福黄石
4cm × 10cm × 12cm

用这两件物品来应需卦，初衷就是要提醒人们：好好地想一想自己究竟需要什么，一定要根据自身的实际需要来取舍。"水天"需，云行于天之象，如要得雨，先要积云。卦象隐喻告诉我们，即使需要，也要靠自身的奋发努力，也需要耐心地等待。从"需"的另一角度来看，无论我们做什么事情都需要自己尽心尽力，把自己分内的责任始终扛在肩上。

现实生活中，人的欲望是无穷的，再加上灯红酒绿、五光十色的刺激和诱惑，使人们饱暖更加思淫欲。如果人的过度欲望不加以合理地节制，任其脱缰而行，人心就会极度膨胀。节制贪欲最好的办法就是懂得取舍、知足常乐，就是不断加强自身的品德修养，多从"蒙"以养正中吸取更多的人生智慧，就是要摒弃贪念，树立底线思维，心存荣辱敬畏，该要不乱要，节约是王道。这样就能够有一个平和谦恭的心态——别人骑马我骑驴，回头看看推车汉，比上不足比下有余——穷则独善其身，达则兼济天下。

欲壑难填是祸患，
合理节制才连贯。
各取所需多虑人，
责任担当扛在肩。

6 讼

天水讼

息事宁人

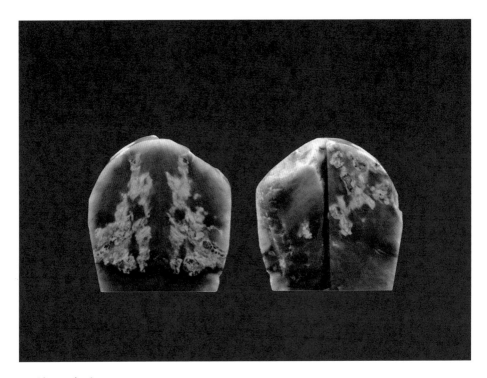

巴林石对屏
5cm × 12cm × 13cm

这块巴林石对屏形似两人针锋相对，剑拔弩张，正在互相指责对骂。对屏表面光鲜顺滑，可翻过来一看，对屏背面却显得破烂不堪。喻指"讼"之表面都刚强无比，背后却没有赢家。

此卦上乾下坎，上刚下险，针尖对麦芒，一个巴掌拍不响，且互不相让而对簿公堂。这就警示我们，在现实生活中，做人做事一定要提高警惕，三思而行，勿种恶因，谋定而后动。出现不和谐的迹象，要早做有效的沟通，大事化小，小事化了。未雨绸缪，防患于未然才是为人做事的上之上策。为人做事要行大道，守规矩，公理自在人心。如果非要争一时之气、逞一时之勇，非要刚对刚、强对强，有很多时候是劳民伤财而得不偿失的。有时的所谓"箭在弦上，不得不发"更是悔之晚矣！卦象也提醒我们，坎为水，过水不一定要坐船，寻桥而过乃大智慧。人生天地间，持中而守正，经常"讼一讼自己"，恐怕人生之格局又会上很高层次。

外似光鲜衣已褴，
悔不当初已上船。
息事宁人和为贵，
各退一步天地宽。

7 师 地水师 师出有道

寿山石雕件
12cm × 36cm × 50cm

此石雕刻的是旌旗猎猎，群情激昂，大军似整装待发的宏大场景。是王者之师，还是乌合之众，清者自清，浊者自浊。"讼"之后而兴师动众，此一途也！为除暴安良、为正义而战、为和平而战就是师出正道。为一己私利、逞一时之快、以大凌小而侵略扩张就是霸权行径。"师"是要死人的，说句最实在的话，有什么大不了的，有什么比好好地活着更重要？但为师出正道而殉者，就是死得其所；为师出霸道而亡者，就是助纣为虐。

具体到我们现实生活中，方方面面也充满了竞争。是良性竞争还是恶意竞争，是有序竞争还是盲目竞争，是选择互利双赢而皆大欢喜，还是弄得遍体鳞伤而两败俱伤，这些是需要我们人类深入思考的大课题。

如果此卦之"师"都变成各行各业传道授业解惑之"师"，实乃人人之幸，幸甚至哉！

兴师动众为家国，
维护正义才可做。
不战屈人方为上，
其他何须费此多。

⁸比 水地比 比比皆是

印尼金冻雕件
2cm × 16cm × 27cm

八匹骏马如比赛跑，肯定有快有慢。此石上的八骏，虽然高大肥壮，但大多姿态很低，且首尾相应，不离不弃，抱团在一起。似一个协作的团队、和谐的集体。用此"八骏"来应比卦感觉很贴心。

"讼"之后比邻而居、守望相助乃另一途也！

现实生活中，只要有人的地方，肯定就要比这比那。如果我们静下心来，仔细想一想，我们是比官大，还是比作为；我们是比金钱，还是比助人；我们是比穿戴，还是比真心……推而广之，国与国亦是如此。我们是比大小，还是比平等；我们是比武器，还是比和平；我们是比科技，还是比造福……比来比去比什么？唯有互比诚信，互比美好，互比积极向上的正能量，进而找到自己的不足，然后向之学习，向之看齐，并不断提升自己，才能比比皆是，而非比比皆非。

师比只是一念间，
后果可是天地悬。
善比美好正能量，
人生何处不欢畅？

小畜

风天小畜

小畜储财

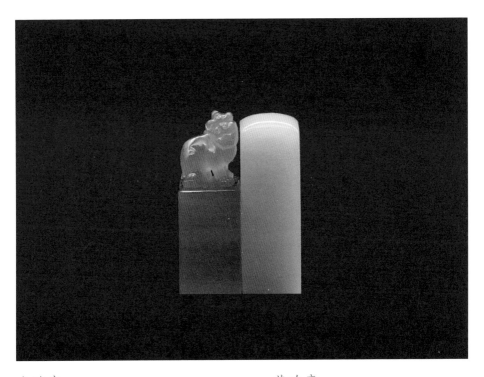

金冻章
3cm × 3.5cm × 9cm

黄冻章
3cm × 3cm × 9cm

用一枚金色冻章、一枚黄色冻章来应此卦，是因为大多数人认为金黄色象征财富，在这里喻指有了一点小积蓄。此二章流光溢彩，又给人以诱惑。这也是告诉人们，要一分为二地看待问题：是物役于人，还是心役万物？是马不停蹄地追求物质财富，还是要不断地丰富自己的精神世界？需要我们用实际行动做出最有意义的回答。此卦只有一个阴爻，似象征财富，但又显得资源稀缺。卦象上看一个阴爻同时拴住五个阳爻，似乎又告诫我们在追求财富的道路上"狼多肉少"，我们要适可而止。俗话说，人为财死，鸟为食亡。如何培养正确的财富观，是一个人终生需要面对的大课题。因为人毕竟不是生活在真空里，而是生活在吃喝拉撒的现实之中。所以我们要树立一种该省不用，该用不省的财富观念。这就要求我们要流自己的汗，吃自己的饭。生财要有道，心安知足要。富而要节俭，多看饿汉脸。日常多助人，"大畜"才有魂。这样我们就会更加珍惜当初那个一文不名的毛头小子凭借自己的勤奋好学、吃苦耐劳而有的今天，就不会忘记自己的根本，就不会在追求财富的路上迷失自己，就能够走好自己未来人生的"履"之大道。

小有积蓄一桶金，
厚德载物成大真。
初积蓄累不忘本，
才能走好步步稳。

¹⁰履 天泽履 足下乾坤

巴林石冻章
3.1cm × 3.1cm × 10.6/15/15cm

这三块巴林石冻章，是在众多印章里拼对成一只"大脚"的。此三章虽然长短不一，但紧紧拼在一起，却形似一"脚"。这就提示我们用脚走路看似简单，实则是一件十分需要用心的事情。如果把此三章不管不顾、散落一边、置之不理，则三章"四不像"。用这三章组合之形来应"履"之卦理，就是想要告诉人们一个为人处事"走路"的道理：老实做人，踏实做事，合法合规是走路的底线；虚心做人，本分做事，合情合理是走路的根本；正直做人，正道做事，仁爱之心是走路的修为。世间道路有千万条，千万不要想当然地认为路况都好，履道坦坦，一定要心怀敬畏，特别是在"择路"的关键节点上更要有如履薄冰的审慎意识。人生之路有很多时候其实与路无关，有时可能更需要自己逢山开路、遇水架桥，铺就"心之路"。要知道脚上的泡、摔过的跤都是自己走出来的，所以我们要尊重自然规律，遵守社会秩序，敬重伦理道德，只有这样我们才能走好履之大道。人非圣贤，孰能无过？三省吾身，常思己过，知对方进，知错能改，才是迈步向前的大智慧，才能足下生辉。

　　　　　履卦一参足下道，
　　　　　走好己路才重要。
　　　　　利理礼力要分辨，
　　　　　仁爱之心得以现。

¹¹泰 地天泰 三阳开泰

巴林图案石四连章
3.6cm × 3.6cm × 18cm

这四连章图案石，这样摆放似天上的云来到了下面，地上的火盆来到了上面——形似"地天"之象。中间图案又似一只大鹏展翅高飞，这样整体形象就展示出一派蒸蒸日上、欣欣向荣、国泰民安的盛世图景。此卦阳气上升，阴气下降，且两两相应，呈现出一片地天交泰、同声相应、同气相求的和谐景象。现实生活中，无论做什么事，都需要有能力为之且愿意为之的人多些付出、多些努力。这就是人们常说的"能者多劳"。要想成事，一个能者不是能，更多能者才更能。能者要志同道合，能者要责任担当，能者要做表率和榜样，能者还要团结"不能者"，甚至还要去动员和感化对立面的一些"人和事"。只要我们上下同德、左右同心，只要我们真诚地包容、体谅地互助，人人都本着有一分热发一分光的态度来为人做事，我们就能够交流融合，我们就能够取长补短，进而就能够形成最大的共识，为了共同的理想而创造"泰"的局面。世间的美好和太平与你我息息相关，更是所有人共同的责任，只要我们携手并肩、风雨同舟，就能够把这样美好的局面维持得长久一点。

三阳开泰责任在，
诺亚方舟共担待。
地天和谐万物能，
小往大来才共盈。

¹²否 天地否

否极泰来

巴林图案石四连章

3.6cm × 3.6cm × 18cm

这四连章图案石，翻过来摆放就成这样的意境：上面的天空飘着黑云；泰卦里"大鹏"的形象在此时也面目全非，黯然神伤，似在感叹：小人当道，君子蒙尘，人心不古，离德离心！以往熊熊燃烧的那盆火也倒扣过来，这在"否"的环境中是最值得庆幸的——隐喻君子在"不能开口"的境遇中一团通"泰"之火埋在心中。这时的君子不与小人同流合污并辨识好自己行进的方向是去否的关键要素。"否""泰"相错，可见瞬间境遇天壤之别；二卦又相综，可见"否"与"泰"是一体两面；二者还相交，上下位置一变，阳上、阴下，不能有效地沟通才出现"否"。由此可见，冰冻三尺非一日之寒，由"泰"入"否"易，否极泰才来！天底下不可能一直乌云蔽日，这时只要有徐庶进曹营不献一计地韬光养晦、润物无声的大智若愚，这时只要有陶渊明不为五斗米折腰乡里小儿的洁身自爱、久久为功的正固操守，一定会云开雾散，重见朗朗乾坤。在现实生活中，我们经常会碰见"不顺心"的事、"不投机"的人。否之"小理"处处可见，人员上百，形形色色。荡荡君子受考验，戚戚小人常相见。心中正义存，默默感召人。不听说，要看行，不做害群之马才共赢。当今时代，互联共通，谁想独善其身，只有否路一径。

牝马之贞可改向，还须上三回头望。
上下同心事不否，居安思危心中倚。

用此四连章的两种意境来应"泰""否"两卦，也有"泰极成否""否极泰来"一体两面之意。

印度石对屏
12cm × 12cm × 19.5cm

此石推开就像两扇门，门上各有一"心"。喻指我们现在的方方面面是有界限的，如果真想做到夜不闭户，和谐无界，那就需要我们大家同心同德而"心心相印"。

作为独立个体的人，首先要做好家庭的事，再社区，再街区，再推而广之，亦如先做好自己的本职工作。不要自己的事都没有做好就放眼全球了：一屋不扫何以扫天下？日常生活中，我们要不断提高自己的品德修养，要助人为乐，要乐善好施，尽量不给别人添麻烦。理想状态下，岂不是"天下本无事，庸人自扰之"？现实中——不是！路漫漫，积沙成塔难！

对于一个独立的国家来说，首要任务是提高自己的综合国力，为本国人民谋福祉。如果连自己国民的温饱都解决不了，如何去帮助和影响别人？再者，也不要受一些别有用心思潮的迷惑，一定要先发展好自己的国家和民族，一定要先做好自己的事。发展自己的同时，一定要树立以邻为伴、与邻为善的正固理念，进而提高国际话语权。路漫漫，任重而道远！

世界要大同，就要"风火"家人说情看风向、"天火"同人讲理言天道，说情讲理就能求大同存小异。国与国要成为地球村，就不能挟"枪炮"逆风违天而"殖民"，就要有"人类命运共同体"的宏大思维，就要有我们"一带一路"友好的、具体的、互惠共赢的重大举措！路漫漫……

热心向上同仁多，奋发图强基础做，
天下为公是己任，求同存异多相磨。

¹⁴
大有 火天大有 大有仁礼

寿山五彩芙蓉石
13cm × 8cm × 28cm

此石雕刻的是"大车以载"的意境，形象而真切地"大有"了！现实生活中，人们好像不患寡，而患不均——你凭什么就"大有"了呢？！大车以载，你都拉到哪里去了？智慧之人，一定要多把"仁""礼"拉回家！所以你"大有"以后要用仁对财，以礼待人！这样才能把你大有的局面维持得长久一些，更长久一些。人一旦"大有"以后，是会起各种变化的，所以要经常给自己敲敲警钟、提个醒儿：贫贱不能移，难；富贵不能淫，难。安贫乐道难，富而承道难；创业难，守业更难；知耻难，知荣辱也难；知书难，知书达礼难；知道难，弘道更难；致富难，富而有仁难；知人难处难，伸手相援难；占为己有易，分享他人难；显山露水易，潜心修德难；自我膨胀易，低调为人难；一粥一饭当思来之不易，一丝一缕恒念物力维艰。生于忧患，死于安乐。前事不忘，后事之师。不忘艰辛，珍惜拥有。以人为善，与人为伴。天下事有难易乎——知难不难，知易不易。这一切的一切，说说容易，身体力行难！大有仁礼，"谦"谦而来。

同人大有相综交，
开门车载心勿飘。
仁礼常在胸中有，
福慧双全伴君走。

¹⁵**谦** 地山谦 山外有山

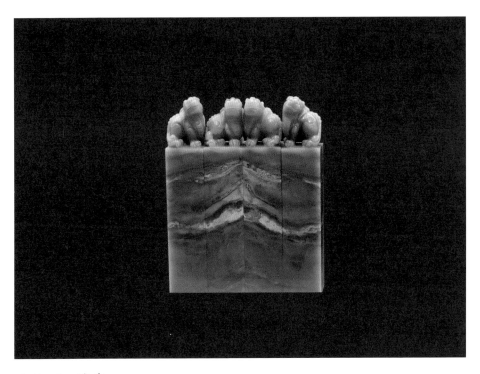

巴林石四连章
3.2cm × 3.2cm × 15cm

这四连章巴林石，下似一"人"字，中间是座山，上面的山更大，绵延无际。喻指我们为人处事要懂得山外有山、人外有人的道理。"地山"谦，山在地中，山很高大，怎么跑到地底下去了呢？卦象启示我们，自己是山而不显，非潜心修德而不能做到也！现实生活中，"谦"是要有资本的，连生存糊口都难以独立做好的人，人们可能会把他的"谦"当作是无能之举，从这个角度扩展开来，"谦"就是要求我们先要勤勉做事，扎实工作；有了一点成绩以后，也要处处虚怀若谷，更上一层楼；做出一定业绩以后，时时需要低调礼让，与人进一步搞好协作配合；有了大的建树，独当一面之时，不要高高在上，要礼贤下士，要善于"传帮带"。这样"谦谦"地一路走来，就能够贞下起元，循环往复。"十五志于学"，谦卦也正好是第十五卦。这样安排卦序似乎也在提示我们，人小时候不能"孔融让梨"情有可原，但到了十五岁就要树立人生的大志向了，就要以谦恭礼让的德行贯穿一生的为人处事。谦卦在"易"里是唯一六爻皆吉的一卦，这也是善意地提醒我们：一个人如能从小到老始终保持"谦"的美德，定将受益一生。

谦恭礼让为哪般，

山外有山太常见。

谦而不虚真心在，

实际行动无有害。

行百里者半九十，

终生悟谦才得甜。

16 豫 雷地豫

豫要先预

寿山五彩芙蓉石

7cm × 10cm × 15cm

这个雕件非常惹人喜爱，拿在手上，久久不愿放下。此件雕刻的是一女子正要外出去看她喜欢的大戏，她准备得很充分，不管晴天雨天，她准备了帽子——热可遮阳，雨可遮雨。大戏万一演得时间长，她又拎上了水——为渴时之需。豫，是高兴、快乐的意思。通过此卦的学习，我们能不能再赋予这个字"预先""预备""预防"之意呢？仁者见仁，智者见智。

现实生活中，我们一高兴就可能忘乎所以，一快乐就得意忘形，知道稍微收敛一些还好，如果纵容过度，就有可能乐极生悲，喜乐变哀苦，悔之晚矣，要不人们经常会发出"早知如此，何必当初"的感叹！人生在世，不可能时时紧绷，处处做苦行僧，但我们在高兴喜悦之余，心里一定要有一根乐得其所、乐而有度的弦。这样我们就能够在特定的时间、特定的场合说恰当的话、做得体的事。这也就是说无论做什么事情都要求我们要把握好一个"度"字。这样做恐怕还不够，因为现实中经常会有些突发的情况让你始料不及，猝不及防。这样我们才会明白为什么工作中要有预案，行军打仗要留预备队。所以我们要居安思危，乐而不忘忧，更不能把自己的快乐建立在别人的痛苦之上。

得意之时不忘形，
保持快乐持久灵。
合于时宜最精妙，
未雨绸缪也必要。

¹⁷随 泽雷随 谨慎跟随

老挝五彩朱砂红

6.5cm × 13cm × 32cm

此件雕刻的是人牵着骆驼前后相随。好似为了一个共同的目标外出谋生或是贩运物资。

人一出生就面临着"随"。跟随父母无可选择，所以为人父母第一任老师的责任要紧紧扛在肩上，父母对子女影响之深远无人可以比拟；稍大一点，玩伴之间互相跟随，其实孩童的玩伴与父母的圈子和层次关系很大，父母要有分辨地加以"过滤"才好；上学了，懂事了，自己能分辨一些是非了，这时的家长、学校要学"孟母三迁"做好孩子的引导工作，"拨乱反正"，使其健康成长；毕业了，工作了，入哪门，随哪行，要十分谨慎地选择。而不是频繁跳槽，这山望那山高，脚踩两只船而摇摆不定。人经过二十多年的成长和学习，这时就要树立和坚定自己的人生信仰，进而为此努力和拼搏，这恐怕才是一个人最大的"随"。

具体到一个组织，一个集体，大到一个国家，都是这个道理。为什么当今中国倡议的"一带一路"有那么多的国家真心随同，就是因为我们的这个倡议是为了造福人类，共同发展。各国也是择善而从，从善如流。人们经常有一句口头禅：这是随谁了呢？你随我，我随你，随来随去细思之——近朱者赤，近墨者黑！

阳卦阳爻都在下，
君子之交无有涯。
真心追随要识德，
近朱近墨慎选择。

¹⁸蛊 山风蛊 防患未然

桂林上郎玻璃冻对章
3.5cm × 3.5cm × 12cm

这是一对很透明、观感很好的对章。但有人说上部的"颗粒"像生了虫似的，一下子就让人十分不爽，如鲠在喉。可见生虫腐败、歪风邪气、蛊惑堕落等负面的东西让人痛恨，再好的东西一"坏"也让人唾弃。物必先腐，而后虫生。事物的变质毁灭往往酿生于自身，也就是说内因起决定性作用。人作孽，不可活。人是自己命运的主宰，要防范点滴的歪门邪道，要养成良好的生活习惯。勿以恶小而为之，种善因、勿恶为，要防微杜渐。修身先修心，修心先寡欲，寡欲先"视若无物"。欲望是前行的动力，也是恶之源，这要一分为二地看。是要学富五车，还是要五车金银？要心役万物，而不是万物役人！人有了过错就要及时纠正，改过自新。亡羊要补牢，迷途要知返。如果有些人和事不能自我调适，且越滑越远，甚至变本又加利，为了维护良风正气，就要整顿歪风邪气，就要惩治腐败堕落。整顿和惩治首先要从端正人的观念入手，要以开展各种教育为抓手，静化人的灵魂之"首"。如果这样收效甚微，好说不行，就要有一种高压态势，刮骨疗毒，长痛不如短痛，坚决剁掉贪欲腐化之"手"，去之而后快。多动"首"，管好"手"；先净"首"，再动"手"。总之，打铁还须自身硬，要以身作则，以上率下，恩威并施，柔刚相济，整治歪风邪气绝不可反反复复，惩治腐败也绝不可出现反弹，如果那样将前功尽弃而一发不可收拾。

风气败坏一股风，
见风把舵正向行。
精神层面绷住弦，
物欲横流是蛊源。

¹⁹**临** 地泽临 身临其境

北京石
11cm × 15cm × 70cm

此石外表给人亭亭玉立之感，身上的花纹也十分漂亮，好似精心装扮即将亲临某个重要场合。这隐约提示我们做任何事情都要有备而来。人生在世，不管你是宅在家里，还是在工作现场；不管你是行进在路上，还是坐在观光的车里；不管你是在台上口若悬河，还是在台下昏昏欲睡；不管你是鲜花美酒，还是冰房冷屋，你都身在其中，身临其境。而不一样的是，处在不同环境、不同情境之中的你如何应对，如何表现，如何感悟。一个人无时无刻不处在不同境遇之中，至少你每时每刻的想法和心情都不甚相同。凡夫俗子有琐事缠身，行业精英亦焦头烂额，治国理政日理万机。既然我们已经光临这个世界，不管你身处何境，身居何位，为人做事都要把握正确的方向，都要有良好的意志品行和锲而不舍的精神。不要临渊羡鱼，而是要时时结"网"，以备不时之需。我们还要根据眼前事物的不同和所处事物发展的不同阶段，做出合理的判断和备选的预案，同时也要知道计划没有变化快，这些时候，更是考验一个人临机应变的能力；这些时候，更能看出一个人平时的素养。这些能力和素养能让你在关键时刻不掉链子，但这些能力和素养不是一朝一夕就能练就的，从这个意义上说，"光临"之前好好地充实、厚积自己更重要。

　　　　　　欢迎光临开眼界，
　　　　　　临渊羡鱼空欢颜。
　　　　　　身临其境真心感，
　　　　　　厚积薄发更长远。

²⁰观 风地观 潜心观察

北京石
18cm × 7cm

此石正似先圣伏羲表情庄重、全神贯注地倾身向下观看。足见仰观天象、俯察地理敬畏之心该有多么重要。人不管是在熟悉的地方，还是到了一个陌生的环境中，都会用眼睛观看一番。至于用不用心，都观察到了什么却因人而异。人可能经常会对熟悉的东西心不在焉，走马观花地看一下，心里想：这儿我闭着眼都清楚，有什么好看的？正是这种不以为然的大意有时会误导我们，因为人的眼睛经常只看到表象而不去细看。对看到的陌生事物，新奇的东西，又不想深入地去了解、去思考，甚至根本就没有看懂还妄加评论，这恐怕是更加糟糕的事。所以在现实生活中，我们要根据自己所处位置的不同，多变换几个角度去看待同一事物，就会有不同的感触；我们还要试着用不同的观察方法来详细观察同一个事物，这样就会有不一样的认识；我们还要针对不同事物，借鉴别人的看法，举一反三，找出不同事物之间的区别与联系，这样我们就会收获不同的智慧。对同一或不同事物，不管你是左看右看，上看下看，一定要仔细看，不要先入为主，一定要用心来看，见微知著。闲暇之时，我们更要多静静地观一观自己的内心，认真地与自己对对话，防止"喜鹊落在猪身上"。这恐怕才是一个人最大的观！只有在看清自己的基础上，才能够认识到事物本质，进而就能树立一个正确的目标，及时付诸行动后还要根据事物的不同发展阶段，合理地做出应对。如此良性循环，我们做事情才能够有条不紊，善始善终。

心怀敬畏来观看，入木三分才得现。

大千世界迷人眼，抓住本质努力干。

²¹ 噬嗑

火雷噬嗑

入口能化

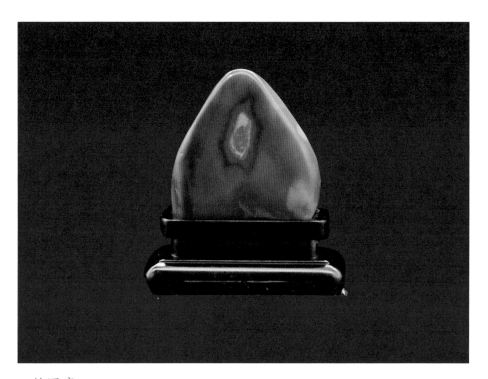

巴林图案石

3cm × 9.5cm × 9.5cm

此巴林图案石形似人嘴里有个要吃的东西，用此石来应噬嗑之卦象再合适不过了。

人只要活着，吃喝就是天大的事。日常生活中，不管吃什么，绝大多数时候都让人高兴。特别是饥肠辘辘又碰上大鱼大肉，大快朵颐，好不欢喜。但在各得其所、觥筹交错之余，总有鱼刺和骨头卡住喉、扎破嘴的偶然之时，亦如社会上总会出现一些不和谐的人和事，总有一些违法乱纪的事搅得人们不得安宁。如何应对和处置这些"口外之音"对我们来说是很大的考验。"吃东西"好像能够给我们很多启示：嚼嚼，咽了下去；咬不动，吐了；使劲咬嚼，吃了；多在嘴里含一会儿，再咽。吃饭大多时候都是嚼嚼咽下去了，心满意足地吃饱了。但其他例外情形就要注意了，弄得不好不仅不能达到目的，还有可能伤到"牙齿嘴唇"。把这些情形引申到我们现实中的为人和做事，是很有启发和警示意义的。至于你采取哪种方式，是"吐"了不吃，还是干脆"咬"断，还是"含"在嘴里，要分辨不同情形而妥善选择。对能"临"能"观"者，要"含"，以感其心；对欲"讼"欲"师"者，要"吐"，敬而远之；对"蛊"极之人，要"咬"，果断去之。不管采取哪种方式方法，目的只有一个：入口即化、入口能化，为的是能够更好地"消化"。

> 如鲠在喉吐咬含，
> 不同情境要分辨。
> 文治武功是境界，
> 恶小勿为善为先。

巴林鸡血石随形
3.5cm × 7cm × 7cm

此块巴林鸡血随形石质地通透，血色艳丽，给人一种雍容华贵，美不胜收之感。用此石来应贲之卦象似有异曲同工之妙。当你应邀参加一个同学聚会，当通知你去参加面试，当有一个需要你发言的学术研讨，当你组织去山区做慈善助学，你会如何穿戴装扮呢？不同的人就有不同的选择。参加这些场合的穿戴装扮给人舒适得体之感，肯定加分。由表及里，穿戴装扮的背后能给我们很多的启示。你是以貌取人，还是多了解一下这个人的内涵？你是衣冠楚楚，金玉其外，还是禽兽不如，败絮其内？你是衣着得体，装扮朴素，还是虚情假意，表里不一？这些现象的背后似乎能从不同的侧面反映出一个人的精神面貌和综合素养。大到一个地方的建设，你是着重挖掘当地的历史文化底蕴，打造生态宜居名城，还是让人贻笑大方不遗余力地争什么所谓的名人故里？你是一二三产合理布局，使人们生活井然有序而富足安康，还是规划杂乱无章使得乌烟瘴气而怨声载道？这些恐怕才是一个地方上层建筑与经济基础的"双装修"。现实生活中，不要被一些事物花哨的外表所迷惑，要去伪鉴真，去虚见实，看到事物的本质。这些表象的背后一定程度上是能反映出一个人的审美和修为的。腹有诗书气自华，胸中亦有百万兵。心系天下破衣花，你也不要小看他——修己德为他人才是最深层次的"装扮"！

文能修过饰非非，润物无声细雨微。
繁华三千终落幕，涵养德行修己身。

23 剥

山地剥

守正防凶

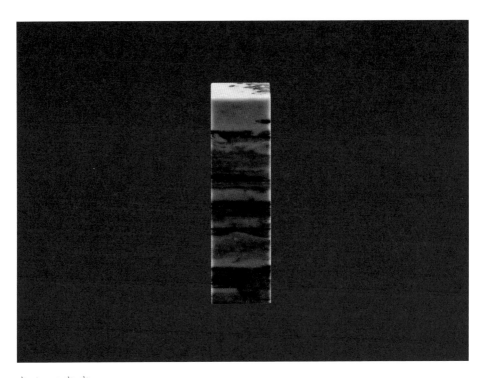

寿山石素章
2.9cm × 2.9cm × 10.3cm

这方章的顶部形似一阳爻，其下以阴为多，但又隐约还有与"上九"同心的。此章意境十分贴近"剥"之卦象。现实生活中，人们喝着提神的饮品，玩游戏到深夜，这样透支自己的身体，是没有真正理解身体才是自己安身立命之本；夏日里，为了一时痛快，冰镇啤酒咕咚咕咚连喝几瓶才叫爽，不知人得病是冰冻三尺非一日之寒的道理；明明看到一个小小的隐患，不以为然，甚至是事不关己，高高挂起，最后酿成大祸，自己也深受其害，这就是没有看清你不是看客，你永远是局中人的真相。再看看我们现在的人类，为了所谓的快速发展，对自然资源掠夺式地疯狂开采；为了行业竞争和打压对手，无所不用其极；为了实现自己的霸权，搞军备竞赛，把世界拖入一个人心惶惶、无有宁日的境地……凡此种种，"剥"象已现。 现在的我们，真应静下心来好好思索一下：我们是要生活的快节奏，还是要放慢脚步认真体验人生的美好和乐趣？我们是要急功近利，一口吃个胖子，还是要理性的循序渐进？我们是要带血的GDP，还是既要金山银山，也要绿水青山？盲目扩张，不得人心。合作共赢，才能走健康可持续的发展之路。如何取舍，已迫在眉睫地摆在了我们的面前，如果我们都有一种莫问他人，常思己过，千里之行，从己开始的责任担当，一切都会好的。亡羊补牢不为晚，过村没店才知险，悔之晚矣！

见微知著如履霜，守正防凶是根纲。

小人得势终有殃，君子德行天道帮。

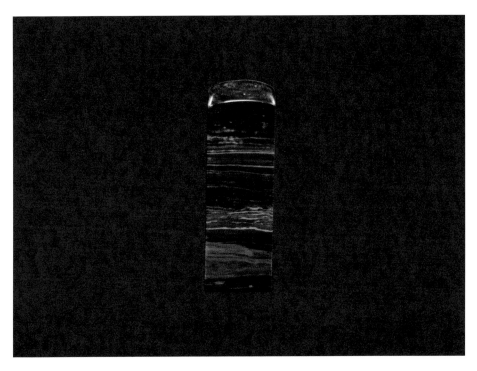

²⁴复

地雷复

周而复始

寿山石素章
2.9cm × 3cm × 9.4cm

此章底部形似一阳爻，上部似"几阴"。通观此章，"阳气"如影随形，已有渐成气候之势。"地雷"复，细品此象，亦有厚积薄发之义。此象"一阳初生"，给人以希望，给人以蓬勃向上的力量。

现实生活中，孜孜以求，勤奋好学，终会上进明礼，受益终身；数年如一日地辛勤劳作，必有天道酬勤的所得；坚持以顽强的意志和决心抵抗外来侵略，终有正义必胜的时候；韬光养晦，默默积蓄，有条不紊，统筹各方，终有光明复兴的一天。

虽说物极必反，但也不是说"反"就"反"，有时也积重难返。因为在"反"之前，有些事物已经形成了气候，积蓄了很强的力道。但谁也改变不了自然的规律，邪的总不能胜正，正的不加以很好地把握，也会滑向邪的，这正是一阴一阳之谓道。但不管世事如何变幻，在艰难险阻面前总会有一阳来复的时候，这时我们就要抓住时机，趁机而动，顺势而为，做出合于时宜的行动。但我们这时还要高度地警觉，因为此时毕竟是"一阳"，力量还很微弱，还要积极寻求各方的有力支持，团结一切可以团结的力量。此时的"一阳"一定要走得端、行得正，一定要把握好行进的方向，一定要有如履薄冰的审慎意识，时时刻刻修正自己。这样才能有更多志同道合之人接踵而至，汇聚成磅礴的洪流，进而一路向上之气势才不可阻挡。

> 星星之火可燎原，看到希望来复还。
> 时刻修己符自然，待机而动若烹鲜。

巴林石荔枝冻章

3cm × 3cm × 14cm

这方巴林石荔枝冻章，质地白润，浑身通透，给人一种高贵纯洁之感，好似人的心地洁白无瑕，纯洁而无妄念。"良言一句三冬暖，恶语伤人六月寒。""无妄"提醒我们做人不要有妄语，不要经常口出狂妄之言，要舍得赞美别人，要善于幽自己的默，但不要言不由衷，口蜜腹剑。说话是门大学问，话到嘴边留半句，过一过大脑应该是好的。"无妄"特别提醒我们更不要心存妄念。一个人不要想什么就干什么，随心所欲地为所欲为，而是要常怀敬畏之心，慎独于行，多做自我约束。人要用理智来管理感情，不能被妄念、邪念所控制，特别是要把控好动心起念之时。虚妄的想法，特别是歪门邪道的念头，如果"一阴生"，"无妄"就会成"否"。将会闭塞不通，贻害无穷，悔之晚矣！"破山中贼易，破心中贼难。"这就要求我们应该时刻多做自我解剖，找到鲁迅先生笔下《一件小事》之"小"。一个人无妄语，特别是无妄念，基本上就无妄行。做人先修心，心地纯洁善良之人就会"无妄"。

无妄语，无妄念，无妄行，何来无妄之灾？人生修行至此境界足矣！

无妄才是大希望，
追求此界浑身光。
顺天应命只耕耘，
修德养望不分神。

²⁶ 大畜

山天大畜

大畜储德

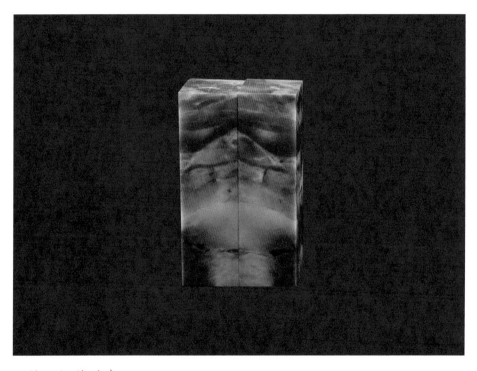

巴林石红花对章
3cm × 3cm × 10.5cm

此对章上部似高山，下部似天之倒映，正应"山天"大畜之卦象。且这付巴林石红花对章给人以美的视觉，一派富足祥和、懿德温馨之感跃然石上。

任何时代的发展，人才战略都是第一强国战略，人才来源于人民，又要服务于人民。人才储备才是当今社会发展的核心要素。各个领域的顶尖人才和不同梯次人才的培养才是一个国家、一个民族长盛不衰的源泉和动力。培养和使用什么样的人才决定着一个国家和民族未来的走向。巧舌如簧、连横合纵，就蛊惑人心而祸国殃民；默默奉献、任劳任怨，就造福社会而德泽万民。所以培养和造就千千万万德才兼备、以德为先的人，才是国之大幸、时代之大幸、万民之大幸！政治经济学告诉我们一个朴素的道理，经济基础决定上层建筑。但不同历史发展阶段也同样要求人们做出合于时宜的因应。社会发展到今天，"知礼节"才更加能够实现有价值有意义的"仓廪实"。这样层面上的相互促进，才能和谐统一；这样层次上的先后融合，才能相得益彰。"知礼节而仓廪实"恐怕是当今时代的我们应该认真思考和认真践行的大课题，深感就像思考"人类向何处去"一样重要。一个人以德立人、以技为才，何愁安身立命之所需？一个国以邻为伴、与邻为善何愁不永立世界民族之林？小畜储财，大畜储德。一个人格局如山之高远，胸怀如天之辽阔，何愁不能包罗万象，顺风顺水？人有仁，财富人。良性循环，人生人性至美矣。

只问耕耘天帮人，大畜储德格局深。
乾行不已要适时，高山仰止也深思。

²⁷颐 山雷颐 口中乾坤

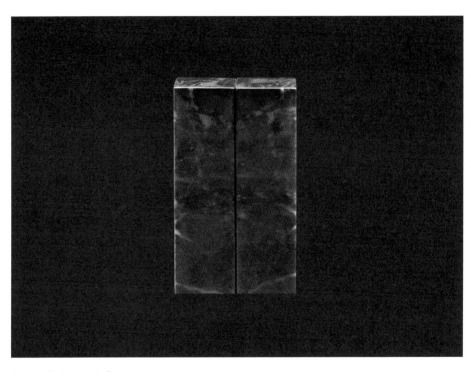

桂林鸡血玉对章
3.5cm × 3.5cm × 12cm

这对章上部正似一"口"，用来应"颐"之卦象，十分形象贴切。人生的很多努力，最初级的阶段就是为了这一张口，也就是满足吃的问题。民以食为天，可见吃是天大的事。会"吃"养生，不会"吃"可能百病丛生。"吃"就是饮食之道：要养成符合自己的饮食习惯和符合众人的饮食礼节。用简单通俗的一句话讲就是：自己怎么吃，与人一起怎么吃。自己怎么吃，说到底真是你个人天大的事，因为养好自己的身体才是一个人安身立命的根本。要知道各种营养合理搭配和有所节制的道理，更要懂得"萝卜白菜"最养人的深意！与人一起吃，不是光为了吃而吃，从与哪些人一起吃到座位的次序，从点菜到沏茶满酒，从客气到熟络，从三杯酒下肚到谈天说地，从意犹未尽到买单结账，无一不把一个人的修养与学识贯串"吃"的全过程。人生的很多努力，是要在感恩天地好生之德的背后，明白更深层次的养生之道：一层是自食其力，养好"己口"，另一层是达则兼济天下，关怀他人，养好"众口"——为社会多做贡献。人的这一张口，还是要开口说话的，人说话也要多参悟饮食之道，吃太饱会撑，说太多会过而无益；不吃又饿，不说又不能表达你的意思。如何拿捏把握好说话的度是很难的事。人不到一年就学会了说话，却要用一辈子学习闭嘴。多悟饮食和说话之道，才能更好地颐养天年；合理节制饮食，才能防止病从口入；说话用心动脑，才能预防祸从口出，这才是真正的口中乾坤。

口中乾坤大，吃饭与说话。

病入祸出中，万念皆为空。

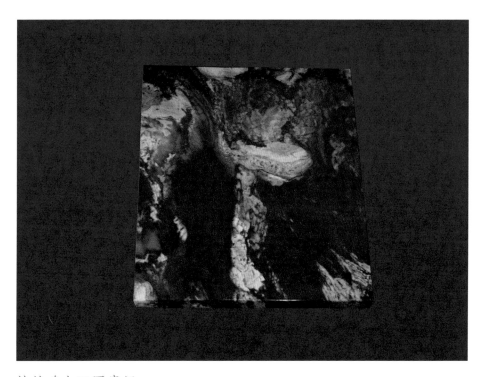

桂林鸡血玉图案板
3.5cm × 38cm × 45cm

此板图案似"一龙治水"。如果雨下得不多不少，恰到好处，就是风调雨顺；如果暴雨连连，水淹没了树木，就会泛滥成灾。喻指非常之时为人做事的艰难。

大过卦与颐卦正相错，变成了"泽灭木"之象。就好像人从颐和安逸的环境中一下子到了险象环生的境界，让人有些不知所措。水淹没树木的情况是不多见的，"泽灭木"也就是指突发的事情或不可预见情形发生时的非常时期。时也，命也。"大过"之期就是非常之时，身处非常时期，就不能按部就班，循规蹈矩，就要有别于常人之思维，因时因事采取非常之举措和手段来应对。这才是实事求是的切合时宜。俗话说，是福不是祸，是祸躲不过。非常时期就要有非常之人勇于担当，迎难而上。既然这个非常时期从我的人生中"路过"，我就要尽其所能，竭尽全力，扶"树木"于将倾。只要我自己是出于一片赤诚之心，心系大众苍生，问心无愧，哪怕别人对自己的所作所为说三道四，有些"过分"，自己也在所不惜，无怨无悔。在非常时期，还要提醒非常之人："大过"别"太过"，"泽风"别过"火"。但在现实生活中，人们往往重视问题的解决而忽略提前发现问题的苗头。如果事事防患于未然，把一切事故苗头都消灭在萌芽状态，如果没有这样的"小过"，也就不会出现"泽灭木"的一天，这更是功德无量的事——善医病者治未病。

颐之过后百事生，终有非凡要担承。

非常之时有功仁，功过是非后人评。

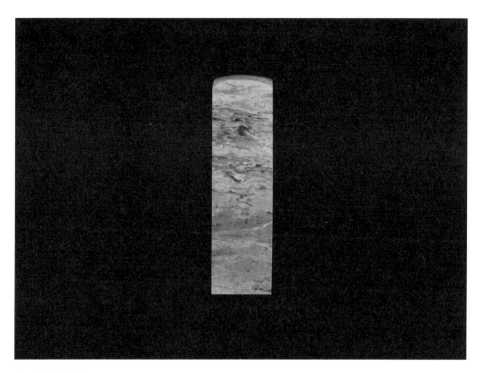

广东绿素章
3.1cm × 3.1cm × 10.8cm

细看这枚章，上部下部都似水在流动，"上水下水"，且有旋涡。整枚章又给人十分美观之感。这就隐喻地告诉我们，有些事物要透过光鲜的外表看到本质，才能发现背后之险，进而提高警觉，找到应对之策。俗话说："福无双至，祸不单行。"现实生活中，我们时刻都要面对各种困难，面对不同程度的艰难险阻。出门时晴空万里，走至半路雷雨大作，前行的路又冲断了；春夏两季风调雨顺，庄稼长势喜人，谁曾想秋收之前一场冰雹，基本颗粒无收；在路上按规矩行车，突然一个新手硬生生地给追尾了。有些"天灾"人力绝不可控。这就需要我们要有一个正确的心态来面对，因为抱怨是没有用的。只有随机应变，顺势而为，找到解决问题、克服困难的方法才是正确的应险之道。这中间要善于保全自己，绝不要做无谓的牺牲。身处险境时要切记：钱财都是身外之物。现实中，让你防不胜防的是人心之险，是"人祸"。人为设置的陷阱和圈套才最可怕。所以古语说：防人之心不可无。遇事要多动一动脑，在一些莫名的利益面前，要常记取一句话——天上会掉馅饼吗，是不是吃了馅饼紧接着就入陷阱？只要不占小便宜，不贪图小恩小惠，不起贪念，光明磊落，心存正道，多半不会上居心叵测之人的当。天重时，地重势，人只能和之，这就要求我们要学习水的外柔内刚、水利万物而不争的品质和水滴石穿的精神。人经一堑就会长一智，人类的修行和智慧就是在这迈沟过坎中不断积累起来的。见坎习坎也。

内困外封险重重，沉着应对不变惊。
人怀美德心不险，砥砺前行可深远。

³⁰离

离为火

人生如火

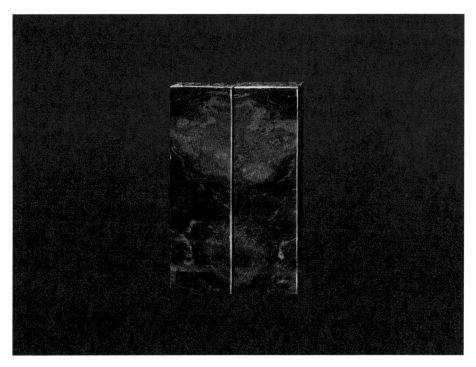

桂林鸡血玉对章
4cm × 4cm × 12.7cm

　　这对章的图案上下部都似一团火，火光向上提升且越烧越旺。正应"离"之卦象。人从出生之日起，经历了生之难、启了蒙、有了蓄、剥而复，经历了种种历练和诱惑，磕磕绊绊地来到了"而立之年"。一路上吃过的苦、感过的悟附你于一身，也就造就了你今天乃至今后要"燃烧"成什么样子。

　　火是用什么烧起来的？首先要有"柴"，柴是火最基本的物质附着物。社会的实际建设中，不管你是中流砥柱，还是贩夫走卒，我们都有各自的社会功用和价值——天生我材必有用。火是怎样点燃的呢？光有柴还不行，还要有人"煽风点火"，要把火种、氧气与柴结合起来才能行。这恰似人生的启蒙阶段。这就要根据人的特质和悟性的不同因材施教，并恰当地选择怎么个"点法"，才能很好地把这个人"点着火"并引上正道。火怎样才能烧得持久呢？如果还没等煮熟食物，火就灭了，要火何用？现实中要想让火烧得持久，就需要"柴质好"，并且不断地添柴。人如果要想有作为、有贡献于社会，就要树立终身学习的理念，用知识武装自己的大脑、用实际行动培养自己的才干，在实践中不断完善自己，这样才能持续地发光发热。

　　如果你这样谦谦地一路走来，也能像老黄牛一样，耐住性子，耐住寂寞，低头拉车，抬头看路，这几十年的人生路就"附丽堂皇"。我能有今天的一点成绩，也有许多人默默付出的功劳。哪有什么岁月静好？只不过是有人为你负重前行。如果时刻怀着这样的感恩之心，那么，在你未来的人生之路上就一定更能挖掘自身的潜力，充分发挥自己的聪明才智，进而就能实现自己的人生价值，看见更好的自己。

　　火怎样烧才能有益于人而不是"引火上身"，始终是人类社会发展的大课题。我们的经济发展不光是要开采各种自然资源，更要全力开发利用好自然资源的全部价值。我们绝不能再停留在简单粗放的初级加工上，也就是说一定要充分延长产业链条，最大程度地提高产品附加值。在老百姓的精神食粮上，我们更是要追求那些积极向上、充满奋进能量的能够真正附着在老百姓心灵上的东西，而非那些昙花一现的所谓心灵鸡汤。发展经济和文化的终极努力都是要以为人类造福为根本出发点和落脚点。还有一点尤为重要，亦如爱因斯坦发现了相对论，但他的目的绝不是为了研制原子弹。这正是有了一点文化，有了一点智慧，而且是刚吃了几天饱饭的人类应该特别值得深思的地方。

　　　　三十而立如离火，"附"丽堂皇你和我。
　　　　自我附加火焰亮，众人拾柴更显旺。

31
咸
泽山咸
无心之感

贵州紫袍带玉对章
3cm × 3cm × 11cm

此对章似一对少男少女相互鞠躬行礼，下似一"心"放得很低。喻指交往之人诚心诚意，谦恭有礼。咸，无心之感也。人的感情、感觉、感动、感谢……其实都是外触于物而内化于心才产生的。这里的"感"为什么还要去掉"心"呢？这就是要提醒我们为人做事要少一些功利之心，多一些肺腑真心；少一些私心杂念，多一些专心静气；少一些虚情假意，多一些真情实感。此卦六爻，两两相应。这就告诉我们，人生在恋爱的美好阶段要找对意中人，并诚心相对，才能有幸福的姻缘。人的成长环境、家庭背景、教育程度是有很大区别的。所以就需要相爱之人在交往中适应，在尊重中改变。两人还要在学识见解、兴趣爱好、生活习惯等方面不断地磨合并相互包容、相互学习、相互接受，从而使双方能够找到最大的契合点、产生共鸣而相互欣赏。扩展开来，我们要想成就一番事业，也同样需要志同道合之人，也同样需要诚心诚意的磨合、宽以待人的包容、真诚友善的帮助、心怀敬意的祝贺和默默于心的祝福。人不是活在真空里，谁也不能真正做到"无心之感"。只要我们少一些私心，少一些贪念，多用理智把控好情感，若干年后回过头来看做过的事时能够无怨无悔，能够问心无愧地说一句——我曾经诚心诚意地对待过。足矣。

情窦初开知礼节，女矜男尊亦有界。

两情相悦不朝暮，真情实感心里住。

³²恒 雷风恒 持经以恒

新疆彩玉
12cm × 15cm × 15cm

这块彩玉上有一条黄带线贯穿四周，真乃一以贯之，持之以恒。家庭是社会的细胞，家庭和谐与否，直接或间接地影响着社会的进步与稳定。而家庭中的夫妻关系又是伦理之首，是一个家庭幸福安定的首要关系。夫妻关系说到底是人与人的关系，是两个独立个体之间怎么相处的关系，是两个人的事。这就提醒我们，不是二人结了婚就进入了万事大吉的保险箱，而是要求我们要共同经营好自己的婚姻。婚前是花前月下，婚后是柴米油盐，如果能将二者很好地结合起来，定能永"恒"。这也要求我们要在磨合包容的基础上进一步找到最大的公约数。在保持真心相爱的前提下，因时因事做出合理的调整，凡事都商量着来，可夫唱妇随亦可妇唱夫随。请始终记住一句话：家是说情的港湾，不是讲理的场所。这样我们就能够尽量照顾到彼此的关切，随着时间的推移，各自阅历的增多，感悟的就越深——千年修得共枕眠。这样我们就能真正做到少年夫妻老来伴儿。

这个世界除了家庭关系，我们还要恒久面对许多的人情世故。如何处理好工作关系、同事关系、上下级关系……如果我们都能拿出"以爱妻子之心爱人，以苛人之心苛己，以恕己之心恕人"的真心，就一定能够处理好这些关系——百年修得同船渡！持经达变，持之以恒，长久地持此理念来为人和做事，弥足珍贵也。

动中寻衡才永恒，
适时调整各要行。
初心不忘常怀念，
相敬如宾持经变。

³³遁 天山遁

进退自如

巴林鸡血石雕件

11cm × 15cm × 15cm

此雕件的意境是一个退隐之人在清静处潜心修行。但他好像也时刻关注着年轻人的"龙行天下"。现实生活中，人们对退休、退下来总有几分不舍与留恋，甚至是无奈。我们经常会碰见一些人拉着长音说：退——啦——。人非草木，这些感受都是能够理解的。但根据人的不同位置，何时退、如何退、退后何为，可能又要因人而异。普通人到了《劳动法》规定的年龄退而休养了。非常之人可能就要另当别论了。你是想像封建帝王一样至死不退，还是开明地能够让贤？你是真心地扶上马送一程，还是要幕后操纵？你是有培养接班人的长远大计，还是任人唯亲？你是遇有时局艰难，以退为进，还是不负责任地一走了之？你正如日中天，急流勇退，还是冲昏头脑，好大喜功？退不可怕。特别是德高望重之人，退之前，用公心和责任感来安排好退后之事尤为重要。这样你退后的局面就不至于失控，进而才能够更加平稳地发展。后继之人也会始终对你念念不忘，人走不会茶凉。这就是身后留什么的大问题。退后可含饴弄孙、可琴棋书画、可遍走名山大川、可公益慈善、可敲山震虎。要根据自己的实际爱好和情形做出不同的选择。任何事物的发展都情同此理，都要因时因事做出合理的因应。退后之人要把这三句话放在心头：江山代有人才出、长江后浪推前浪、功成不必在我。大自然的规律就是有得必有失，有始就有终，有进必有退——你我都是局中人，你终究是我，我曾经是你。

虚怀若谷扶马程，浩然之气要分明。
能上能下是智慧，心安理得甘于行。

巴林冻石墩子章
6.5cm × 6.5cm × 21cm

这么大的巴林冻石墩子章亦不多见，用此章来应"大壮"，形象而真切。

哪个人不希望自己健壮有力？哪个人不希望自己事业腾达？哪个人不希望自己财富满满？这些愿望通过自己刻苦的锻炼、通过自己勤勉的工作、通过自己合法的理财，都有可能达成。但愿望实现后的表现才是对人更大的考验。"壮大什么、怎么壮大、如何面对壮大"是人生始终要面对的大课题。

我们要强健体魄。没有一个好的身体，你就无法努力工作，你就不能很好地享受幸福生活，你更没有东山再起的本钱。但你强壮了，不是要去与别人比"胳膊粗"，而是要承担更多的"重量"，这样才能让人钦佩。你的事业做强做大了，并不是要去大小通吃，盲目扩张，兼并垄断。这时也要与别人携手并肩，互利共赢，这样你就能赢得业界更多的尊重。你的财富满满，要乐善好施，要有"安得广厦千万间，大庇天下寒士俱欢颜"的胸怀！你壮大了，或某一方面大有成就了，此时此刻，要回想自己曾经付出的艰辛努力，与现在正在孜孜以求的人感同身受，时刻提醒自己不要忘本，什么时候都能找到来时的路。自己今天的壮大和取得的成绩要感谢的人有很多，所以要尽力帮助现在需要帮助的人。现实中的"大壮"，还要擦亮眼睛，看清是"实壮"还是"虚胖"。人生不是百米赛跑，不要看一时一事，人生是马拉松，路遥才能知马力。

水满则溢思险象，强壮之时心有网。
华而要实勿虚表，以大事小长久跑。

³⁵晋 火地晋

与时俱进

寿山牛蛋石

2.6cm × 7.8cm × 12.8cm

这件寿山石手把件，雕刻的是人驾马车在奋力前行，旁边还刻有"千里之行，始于足下"。一寸光阴一寸金，寸金难买寸光阴。世间没有绝对公平的东西。如果有，也只有一种东西，它不论你是王侯将相，还是凡夫俗子，一律平等待你，那就是时间——一天24小时。它不会因你富贵至极而多予你一分，也不会因你泼皮无赖而少给你一秒。晋，进也。在空间上，你所处的时代大好，就要认真做事，尽显其能；就要积极善为，勇于实现自身的价值，不负光阴，不负这个伟大的时代。任何人都想把壮大美好的局面一直保持下去，但任何事物的发展都不以人的意志为转移，都是不断演化的。这就要求我们要顺应自然规律来做人，顺应时代的大环境来做事。只要我们应天顺势而为，心怀敬畏，勤勉修德，就能精进不已。反之，可能就要多一些韬光养晦，不要助纣为虐。晋，昼也。多珍惜白昼的光阴，日出而作；也要爱惜自己的身体，日落而息。都说阳光是最好的防腐剂。这也从更深层次要求我们要把自己的内心经常放在阳光下晒一晒，晒出自知之明，晒掉恶之念，晒出人性向善的光辉，照亮自己前行的路。这样我们才能严于律己、宽以待人，个人的修为就能够与时俱进，进而就能影响和感召更多的人。众人拾柴火焰高，好的局面、好的事物才能更持久。

珍惜光阴白昼行，知己知人才光灵。
大好时代有作为，与时俱进明德来。

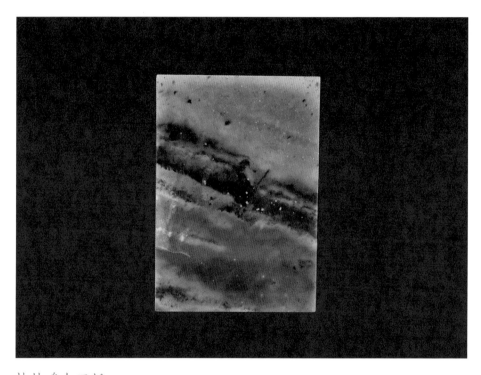

36
明夷
地火明夷
明冥之中

桂林鸡血玉板
1.3cm × 15cm × 22cm

此板头部似乌云之上还有满天繁星，下部似红红的火光被压在黑暗之下。用"明入地中"之卦象隐喻告诉我们，黑暗是暂时的，希望的光明终会给人带来美好的明天。

古人说日落而息，就是说太阳下山了，劳累了一天的人们应该睡觉休息，以好好恢复体力再投入明天的日出而作之中。简单朴素的行为和道理随着人类的发展好像不太适用了。晚上不知节制地灯火通明，歌舞升平，酒精充斥其间，麻醉着你我的神经，第二天昏昏沉沉，无精打采，然又乐此不疲，娱乐至死，明夷也。风高放火夜，小说影视中经常会出现几个蒙面之人手持利刃，跳入高墙之内，欲杀人越货。阴长阳消，不能约束把控自己，明夷也。引申开来，人处逆境，甚至是暗无天日之时，最要紧的是坚持光明的信念、坚守做人的原则，并不断强化自己的意志，时刻充实自己，待时而动。其间，黑暗可能是漫长的，考验巨大。这时的"难得糊涂"，就是韬光养晦；这时的"木木讷讷"，就是大智若愚；这时的"埋头傻干"，就是积蓄力量；这时的"深入简出"，就是等待时机。这一切一切的隐忍而不发都是为了蓄势而待发，厚积而薄发。只有以这种因相信而看见的努力，才能等来希望的黎明，才能与白昼偕行。平素里我们日常生活中的待人接物更要心地光明，多一些厚道，少一分刻薄；多一些内心的柔软，少一分外表的冷酷。吃小亏不是害，多助人才是爱。与人方便，与己方便，打人不打脸，骂人不揭短，做人留一线，日后好相见。与人要和谐相处，力争不要走上"明夷"之路。

暗无天日逆境慌，外圆内方待天罡。
浑水摸鱼非君子，重现光明夜已央。

青田封门象牙冻对章
3cm × 3cm × 11.5cm

这对章似两人手拉着手，用来应"家人"之间和睦相处之卦象再贴切不过了。"风火家人"，风因火出，火因风旺。中国人是最重视家庭的民族，中华文明一脉相承，绵延几千年而薪火相传，家庭起到了至关重要的作用。一个家庭即使女主外男主内，也只是所处位置不同，没有高低贵贱之别。进一步讲，就是每个人的能力不同，责任就不同而已。只要你是家庭的一员，哪怕你是刚刚懂事的小孩，也有你的"份"。父亲要勤勉工作，母亲要勤俭持家，子女要勤奋好学……父母是孩子的第一任老师——言有信、行有恒，默默的言传身教胜过百次的空洞说教。作为一家之长，如果连一个家都打理不好，又怎能致力于外事？现实中，有的妻子儿女飞扬跋扈，打着旗号招摇撞骗，最后会害了谁，只会给一个家庭带来灭顶之灾。求贤者于孝门，此理亘古不变。在家人卦里，我们要特别注意和重视母亲的地位和作用。现实生活中，女人不仅从事社会的物质生产，还担负着人类生产的重任。所以我们时时处处应该多关心照顾一下女人。推而广之，母亲越舒心，就越能发挥更大的潜能，就能更好地教育子女，就能把小家打理得井井有条，男人就会少些后顾之忧，从而更加安心地在外工作。母有招，子有教，父在外，心不飘。家是最温暖的港湾，家庭的每个成员都要尽心尽力，整个家庭就和和美美、其乐融融！万千个家和就是国安！换个角度思之，国是个整体，家是国之细胞，人是细胞一分子，分子的健康发展与否才是最大的根本。从这一意义上说，谈"家人"，树立先"人"后"家"之理念也无不妥。

家是单元一细胞，国泰民安系之要。
各负其责人人做，家旺国兴无有错。

38 睽

火泽睽

问心无『睽』

青田封门对章
3.3cm × 3.3cm × 13cm

此对章似两人背对着背，有点小生气，要离去又不忍离去的样子。是分是合呢？参悟一下睽卦吧。睽，外也。现实中的众目睽睽，肯定是有什么稀奇或不经常发生的事吸引了人们的眼球。如果是当街杂耍或魔术表演也无所谓。如果是一个家庭的矛盾闹到大街上，弄得满城风雨而众目睽睽就不好看了吧。

虽说有些事分久必合，合久必分。那我们人类在尊重自然规律的前提下，通过主观能动性，能不能找到一条"合"的时间长，即使"分"也要相对愉快一些的路呢？那就遵循一下小事要糊涂，大事有原则的信条吧！人与人之间一些鸡毛蒜皮的小事，要好好商量，要有你敬我一尺、我敬你一丈的气度，不要小心眼儿，老要爱幼，小要尊老，以亲情友情为贵，忍一时风平浪静，化小事于无形。人与人涉及原则性的大问题，也要有以和为贵的姿态再加上处理小事的方式方法，从而尽力沟通，多将心比心，晓之以理，动之以情，多推心置腹，苦口婆心，循循善诱。我们还要多从双方共同共通的地方切入，求大同存小异。千万不要用亲者痛、仇者快的暴风举动使双方陷于更加两难的境地而雪上加霜。人生除了生死，其他都是小事。即使到了路不同不相为谋，你走你的阳关道，我走我的独木桥的程度，也要有格局、有胸怀，为老死还要往来留下契机，为以后的化睽为合留下一扇窗。渡尽劫波兄弟在，相逢一笑泯恩仇。

各自噘嘴背对背，好像别人都不对。

多从自身找不足，望门看家无有愧。

寿山图案对章
3cm × 4cm × 26cm

这对章本身很高，图案又似水潭弯弯曲曲，有如水险山高，正应"蹇"之卦象。蹇，寒足也，隐喻告诉我们遇事要三思而后行。人做任何事情都不是一帆风顺的，时刻需要动心用脑，权衡利弊。是一条道走到黑，盲目逞能，还是绕道而过，迂回前行；是厉兵秣马，大军未动粮草先行，还是孤注一掷，置之死地而后生？这就需要我们根据具体情势做出不同抉择。在艰难险阻面前，要有敢啃硬骨头、志在必得的决心，要有锲而不舍、百折不挠的意志，更要有咬定青山不放松的毅力。人要在急难险重中磨炼自己积极向上的品行，吃得苦中苦，方为人上人。大战的胜利往往取决于谁能再咬牙坚持五分钟。如果一个人在困难面前畏缩，那就等于坐以待毙。但有时的见险知止，退而待时也是一种积极的应变策略。科学论证、正确决策是战胜困难的前提。人遇到困难，不要盲目地冒险，轻易地冒进，也不要人云亦云，盲目跟风。这时要平心静气，虚心听取各方意见建议，冷静分析问题的成因，客观把握当前局势，力争在开始行动前知己知彼，找出最正确的行动方向，并能够综合各方因素，做出合理的预案。情况了然于胸，胸有成竹之后，选择时机、果断行动才是战胜困难的不二法门。计划没有变化快，有时也会让人处于进退维谷的两难境地而很难做出选择，这时就要有力排众议的果敢和狭路相逢勇者胜的气概。再好的目标，再好的决策，光靠一人的单打独斗是不行的。要想成事，有一个高素质、同心同德的团队更重要，众志成城的团结合作是取得胜利的根本保证。如果一遇到困难就成鸟兽散，一切都是枉然。

山高水深未有知，不能盲目逞一时。

因时因势具体析，三思而行勿偏激。

40 解

雷水解

常备不懈

寿山图案雕刻章
3.3cm × 3.3cm × 10cm

"长风破浪会有时，直挂云帆济沧海"。茫茫沧海一帆船，定能解燃眉之急，化险为夷。

人遇到困难和麻烦，首先要自己设法克服，在艰难险阻面前，首先要自救。克服和自救成功则万事大吉。如果不得克服自救，就要寻求外力来助了。别人有难需要帮助时，国家层面或一些组织的救援队，要力争在第一时间带上救援装备直奔救援目的地。到达现场后，要快速研判轻重缓急，根据实际情况，争分夺秒地迅速展开有效救援。这些高效行动的背后一定得益于平时的常备不懈和日常的有素训练。正可谓养兵千日，用兵一时。其实我们在日常生活中更要有防患于未然的意识，平安无事该有多美好！真的希望救援队宁可但求无功，亦如"药蒙尘"。

别人有难需要帮忙时，力戒不要帮倒忙。自己无能为力时，不要打肿脸充胖子，不懂装懂，贻误时机好心办坏事。这时就要积极协助配合有能力、有专业学识的人，尽心尽力打好下手，救难者于水火。

现实中不要做喊"狼来了"的孩子。能自己轻易克服的小困难，不要无病呻吟，更不要为了一己私利而谎称或假装有难处，因为等到真的"狼来了"，你只有死路一条。我们还要高度注意在危难时刻对趁火打劫、浑水摸鱼的不法之徒要强力弹压，切不可顾此失彼，难中生乱。

无所事事自修炼，有事之时及早现。

热心更需专业识，常备不懈防祸乱。

⁴¹**损** 山泽损 舍得之道

巴林鸡血石雕头章
3cm × 3cm × 12.5cm

此章底部泛白，上部有鸡血，头部雕有金蟾。这种意境正合损下益上"损"之卦象。有舍有得，舍得之道。要有收获，必先付出。铁公鸡一毛不拔，定会一无所获。现实当中，舍多少才合适呢？先来看一下"舍"字与"合"字的区别吧，前者比后者好似多一个"干"字。这好像在告诉我们，舍多少合适，要看你干什么事了。反过来说，也要看你想要"得"到多少了。这也算是舍与得的一体两面吧。得到多少固然重要，但舍出什么、得到什么更重要。舍出汗水，坚持不懈，练出肌肉；付出真心，无私帮助，收获友情；勤奋好学，刻苦钻研，收获知识；废寝忘食，披荆斩棘，功成名就；常思己过，俭己助人，收获德行；聚民之金，为国敛财，用之得当，造福于民。凡此种种，必先付出后有回报，大千世界，概莫能外。有些付出回报，相辅相成，但更多之时是付出的多、回报的少。这些不以人的意志为转移。这就是自然规律，这就是老天对人的考验。从人性角度讲，都想以较小的付出换取较大的回报，但现实中往往是事与愿违。更有甚者，好吃懒做，臆想不劳而获，亦如痴人说梦。如有一丝可能也定会世风日下。过度的欲望是恶之源。现实中，我们只有多节制物质上的欲望，加强精神道德层面的修养，才能更加领悟舍得之道：物质钱财，身外之物，物尽其用，用其当然，损之益善，损之益人；精神道德，常修于内，为道日损，精益求精，谁人能损，毫发无损。

损之未必就是失，舍得细细琢磨之。

合理节制方为道，精神富有更重要。

益

风
雷
益

得舍之道

巴林鸡血石对章
3cm × 3cm × 13cm

此对章头部似"益"字的两点，且下部布有鸡血。用此对章来应损上益下"益"之卦象，感觉很贴切。益，好处也。反思之，如果人们不能割舍利益，非要多多益善，贪多求大，定会水满而"溢"，得不偿失。你想要得到什么，就要付出与"得"相对应的"舍"，要什么"果"就要种什么"因"。想得善行，就要乐善好施，助人为乐；想得贤能，就要学习榜样，见贤思齐；想得一夜安眠，就要白天行心安理得之事，夜晚不怕鬼敲门；要想一生幸福，就要时时处处谨言慎行，以人为善，与人为伴；要想有个好的人际关系，就要真心待人，己所不欲，勿施于人；要想身心健康，就要清心寡欲，经常做合理的节制。损己益人，互相增益，良性循环，何乐不为？国之财政，取之于民，精心谋划，造福于民。

真正需要得到某些好处时，一定要自己先努力，不要想不劳而获；当已得到某些好处时，还要心存感恩，要懂得适可而止。现实生活中，天不遂人愿之事十之八九。不以物喜，不以己悲。以寻常之心待之，得之不忘形，失之而不忧；以平淡之心待之，得之应得之，失之也不怨。以这样的心态看待得与失、舍与得，就能神清气爽，云淡天高。这种超然物外之心非潜心修行而不能得也。这又是更深一层次的得舍之道。说说容易，得之难！为朋友两肋插刀，得之以义；为子女教育节衣缩食，得之以爱；为国捐躯战死沙场，得之以忠。得之有道，人皆赞之。为私欲而偷盗，为苟活而偷生，为徇私而枉法，为暴利而昧心，无谓之损，人皆唾之。

聚财积德为谁忙，日月无私照四方。

舍得之道循环复，得舍才能得益彰。

青田花纹石对章

3cm × 3cm × 13cm   3.5cm × 3.5cm × 10cm

夬，五阳决一阴。选什么石来应夬卦，很是费神，寻觅很久，才选中此二石。看来现实中看似很小的事情如果认真对待起来也是很难决断的。选此石的过程也应"夬"之卦理。左图对章形似一火箭，好像一按开关就能迅速发射出去，但这样好不好呢？可能还需用右图"头像"对章来过过大脑，看何时发射、怎么发射才更好。夬卦告诉我们，即使在局面有利、形势大好的情况下处理看似一件小的事情也要三思而行，谨慎面对。现实中过得大江大浪，小河沟翻船的情形屡见不鲜。特别是在处理棘手问题时，首先要认清事物的本质，统一各方的思想，取得共识，然后再采取切实有效的行动方为上策。认清事物的本质是为了名正言顺；统一思想，取得共识，是为了团结一切可以团结的力量；采取切实有效的行动就是要本着耐心说服感化为先、先礼后兵的原则。为达到一个目的，能和平处置的，就不要兵戎相见。如果仁至义尽，仍顽固不冥，也要当机立断，以万钧之势果断处置。因时因事，绝不能优柔寡断，小拖大，大拖炸，把小事情演化成大问题。不管采取哪些手段，都要以惩前毖后、治病救人为出发点；以给人机会、让人改过自新为契机；以杀鸡儆猴、以儆效尤为社会功用；以净化社会风气、扬善去恶为最大目的。在这一过程中，要能够始终保持洁身自好，而非同流合污；要秉持公心正义，而非挟公报私；要始终头脑清醒，而非一时冲动；要让人心悦诚服，而非压制排挤。这样我们就能决其所决，公正服众。人生无时无刻不面临选择决断。摆在你面前的永远有两条路，如此往复，便是人生。选择哪条路，就会有不一样的人生。所以我们要慎选人生之路，因为一切无法重来。

一时之快不为夬，轻而易举要慎待。

当机立断不优柔，同心协力警中求。

⁴⁴**姤** 天风姤 姤而不诟

青田封门黑
3cm × 3cm × 12cm

贵州紫袍带玉
2.5cm × 2.5cm × 10cm

用此二章来应姤卦，意在说明，出门在外，不知会碰见什么样的人和事。"人生可难测量啊，啥事都能碰上，挑水的媳妇谁愿挑这黄水汤？"人生在世，可能不光会遇上"黄水汤"，可能还有无水可挑的时候。因为有很多事情是我们始料不及的，所以我们要有防患于未然的意识，要有"履霜坚冰至"的智慧。这些意识和智慧不是你待在家里大门不出二门不迈，光看几本书就能得来的。要读万卷书，行万里路，就是要走到大千世界中去，在具体的生活和社会实践中细细感悟你所碰见的人、遇到的事。现实当中，即使你与人约好了见面的时间地点，也可能没有见到。有些人和事不是计划见的，可能会不期而遇。这样的遇见可能是可遇而不可求的人生机遇，也可能是噩梦的开始。这时不管遇到什么，都要认认真真地过过大脑——有那么巧合吗？任何人和事都需要一个过程才能看清本质，日久见人心。天长日久，有的可能会成为知遇之恩，要珍惜一辈子；有的可能昙花一现，没了踪影；有的可能道不同不相为谋，敬而远之；有的可能还会成为点头之交、莫逆之交、君子之交。现实生活当中，如何分清机遇和诱惑可能是你人生的转折点。机遇要分清正途和歪道，好好把握正途，远离歪门邪道。只要不贪图小利就能拒绝诱惑，一般就不会上当。当今时代发展变化快，各种文化、意识相互激荡，要在相互学习、借鉴和交流中取其精华，要有底线思维，时时分辨善恶美丑，处处要有"安个纱窗"的防范意识。只有这样，无论你碰见什么才能心中有数。

　　善遇恶遇机遇姤，最好不要结污垢。

　　让人唾弃多病诟，防微辨识要能够。

45 萃 泽地萃 荟萃人生

巴林石雕件
6cm × 9cm × 15cm

此巴林石雕件，去除冗杂，萃取精华，专雕"群菇开会"。喻指志同道合，物以类聚。此意境符"萃"之真谛。汉高祖刘邦说："夫运筹策帷幄之中，决胜于千里之外，吾不如子房。镇国家，抚百姓，给饷馈，不绝粮道，吾不如萧何。连百万之众，战必胜，攻必取，吾不如韩信。此三者，皆人杰，吾能用之，此吾所以取天下也。"看这领导的自知之明，看这领导的因材施用之道，看这领导的礼贤下士、虚怀若谷之胸襟。这样的领导大多也是可遇不可求。从这一角度讲，领导更是人才，谁更高得一等，立判高下。现实中的职场，你是哪方面的人才要自己找准定位。你是有勇有谋，还是能文能武？你是能说会道，还是踏实肯干？你是吃苦耐劳，还是意志坚韧？你要自己好好掂量掂量。有时可能还需你同时具备几方面的素养——复合型人才。物以类聚，人以群分。你有什么样的素养和修为基本上就会与类似的人聚在一起，正所谓鸡找鸭、鱼找虾。不同的人聚集在一起就能做不同的事。乌合之众只能沆瀣一气，精兵强将就能定国安邦。所以人要先把自己变得优秀，才能有更加广阔的平台。如果自己不够优秀，认识再多名人、能人也没有用，因为你根本就无法融入人家的平台和圈子。不够优秀时，就要沉下心来，充实自己，修为自己，坚信是金子总会发光的，总会碰见汉高祖那样的伯乐。但首先你要有张良之谋，萧何之才，韩信之勇。同时还要有团队精神，积极维护好集体的团结，与人很好地合作，力争一加一大于二。如此一来，你就不会怀才不遇，你就能够发挥最大的社会功用，进而实现自己的人生价值。

志同道合多相聚，弱变强来循渐序。
雄才大略早立志，厚积薄发需时日。

升

地风升

何为人生

青田图案石

3cm × 3cm × 13cm

此对章上部分布着不同位置的"星星点点",喻指你要根据自己的实际情况来选择上升到哪里最合适,你也可以选择做顶上的"狮子"。这对章底部似一阳爻,与升卦初六爻正好相错。如果此阴爻真变成阳爻,那就"升"而成"泰"了。

大千世界,芸芸众生,升官发财好像是最现实和通俗的期盼。人非草木,这真的无可厚非!但随着年龄的增长和阅历的增加,不同的人就会有不同的感悟。早年黄埔军校门口的对联着实耐人寻味:升官发财请往他处;贪生怕死勿入斯门。这似乎也在昭示我们,为人做事的初衷和方向只有一以贯之才更加弥足珍贵。历史如烟,但警示如天:人如果心无信仰,无所敬畏,爬得越高可能摔得越重。当今时代的我们心中装着什么亦情同此理。你是贪多求快,贪大求洋,还是积沙成塔,循序渐进?你是照顾各方,和谐共生,知足常乐,还是自私自利,欺上骗下,贪得无厌?你是担当作为,默默付出,善做嫁衣,成人之美,还是拈轻怕重,争功透过,沽名钓誉,见利就上?满面灰尘烟火色的我们时时需要静思之。生而为人,要感恩父母的养育,感激老师的教诲,感谢同事的协助,感怀朋友的帮忙,感念家人的陪伴。你只要真心这"五感",就注定你会有"感"而"发";日常生活中,不管你身居何位,姓甚名谁,只要你的为人和做事识大体、顾大局,先人而后己,不较名和利,时时让人感动于心,人人心中之秤就能"升"你成"泰"!人只要老是想着身外之物就会永不满足,苦恼多多,有时也要看一看自我日复一日、年复一年的向上和努力,你就会发现一个完全不同的自己。人只有知天高、感地厚,时刻向内升其德行,才能永无止境,恬淡厚重。山高人为峰,其实没看清,辛苦为登顶,终要往下行;水往低处流,缓缓不急求,做人要师水,利物而不争。登山非登顶,放眼全是景,遇水勿急过,深浅要分明。

进退适时方为升,实来虚往不图名。
勤修内功扎马步,仁山智水可常青。

⁴⁷困　泽水困　生于忧患

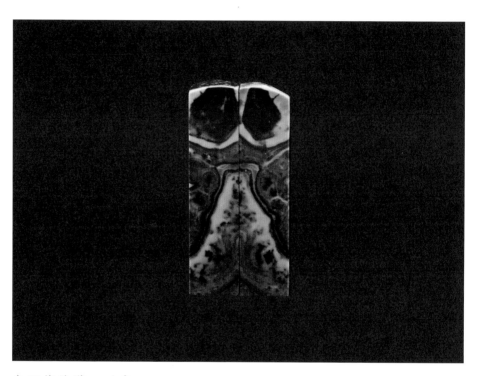

贵州紫袍带玉对章
3cm × 3cm × 12.5cm

这对章上似两石压身，下似一水库，险坎无比，"困"之象也。人若陷入此情此景，虽天地之大，好似无立锥容身之地，岂能不困？

　　为什么我们面前时常会有困难？因为我们是做事之人、不断上进之人，所以老天就会用各种困难来考验我们，把困难当作检验我们意志和品行的试金石。困难就是我们前进中的阻力，克服困难就是要给困难一个反作用力，这个反作用力比困难的力道大，你就胜出。我们面对困难时，首先要冷静分析困难的大小、成因、可能持续的时间等因素。要在树立解困的决心和信心的前提下，认真客观地梳理自己解困的有利因素和不利因素。这样就能把有利因素加以合理地利用并力争放大它的力道；把不利因素妥善克服掉。正因为我们身上有许多这样那样的不足和短板，困难才会看上你。你的缺点和短板正是那个"有缝隙的蛋"，这时就要认真找出这个"缝"在哪里，要用自己的刻苦和良心之"钳"弥补修复之，使自己相对成为一只"完卵"。这才是克服困难、提升自己意志品行的契机和法门。遇困解困有时着实太困，这时也可以先"困上一觉"，恢复一下体力，这也是为了更好地以退为进。只要我们不改解困的初衷，方法总比困难多。当看到胜利的曙光，也要慎之又慎，不可功亏一篑。心静，沉着，保持清醒的头脑，是应对一切困难的前提条件。未雨绸缪，防患于未然，是更高一层次的忧患意识。一个团队遇到困难，只要上下同心，通力协作，相互扶持，发挥好"一把筷子"的合力，这样就能够众志成城，共克时艰，冲破艰难险阻，到达胜利的彼岸。

　　　　越挫越勇败屡战，不折不挠见分辨。
　　　　适时进退不犹豫，初衷不改始终贯。

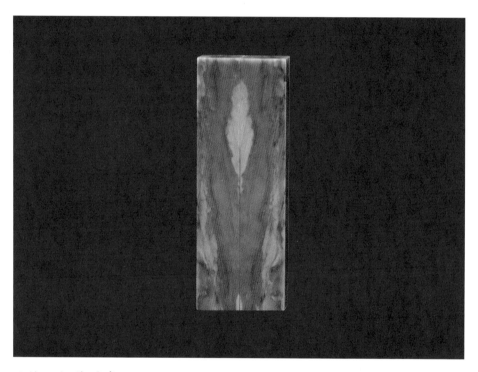

巴林石红花对章
3.2cm × 3.2cm × 18cm

此对章整体形状似一口深井，中上部似一个汲水的水桶就要到达井口。此情此景，我想讲一个我与一口老井的真实故事。

我小的时候为替父母分担一些劳动，经常到离家有一段距离的地方去挑水。现在回想起当年取水的点点滴滴让我有很多留恋。可那时的我对井又爱又怕，爱的是可以挑回甘甜的井水，怕的是从井中用辘轳向上取水确实超出了我的体力，特别是水桶刚出井口的刹那，既要用一只手用力压住辘轳，又要伸出一只手去全力拎回水桶，还要尽力不要把水溅到桶外。碰见好心的叔叔伯伯还会时常帮我打一次水，所以我平时见到他就老早打招呼，显然内心是充满感激的。最早村里只有这一口老井，全村人都要来这里取水，一天之中的傍晚，这里是很热闹的地方，也是一些莫名信息的集散地。随着家家户户的水缸注满了水，喧嚣的小村庄又恢复了祥和的宁静。为了方便大家来取水，在冬季里我经常一个人用镐头刨井口旁边已经结得很厚的冰。与其说方便别人倒不如说是为了更加方便幼小的自己。井沿儿的旁边还有一口大石槽，经常在旁边看羊啊牛啊喝水也是我的乐趣之一。赶上年头儿旱，老井的水位也会下降，甚至水有些浑浊，这时每家会出些年轻力壮的人把井淘一淘，淘井就是把井底的泥沙弄上来，顺便再加固一下井帮儿。这样老井好像又来了神儿，感觉水又清凉了。随着人们生活水平的提高，大部分人家都在自家院里打了自备井，有的还买了水泵。往日用挑来的水浇自家的菜园都是用水瓢舀水一棵一棵地浇，现在为了方便省事直接用水泵抽水而漫灌了。我家庭不富裕，看见别人家打了井，吃水方便了，我便暗暗下决心，等我长大挣钱了，也为家里打口井。后来我家的井就是我刚参加工作时攒了几个月工资打的，井水一直特别旺。

一转眼，离家好多年了，后来听说村中的那口老井有人为方便自己出行给棚上了，好像还遭到了报应。在梦里我还时不时地会梦见给我甘洌的老井。我很怀念它。

徐徐汲水如修己，提到井口勿过喜。

自己渴时想人燥，惠及众人为至要。

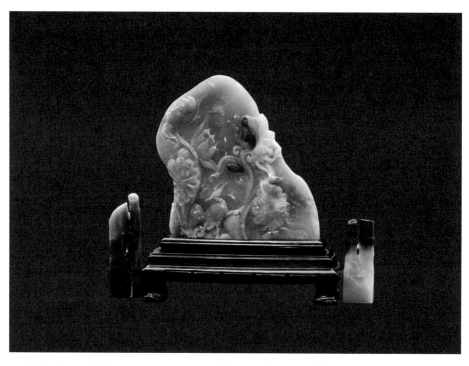

巴林鸡血石雕件
2cm × 13cm × 14cm

寿山五彩石雕件
1.5cm × 2.5cm × 8.6cm　　1.5cm × 2.5cm × 7cm

这两个寿山竹雕件的头部与"革"字的头部十分相像。把巴林石雕件摆在中间，好似"革"后一派欣欣向荣的景象。

如果一提到"革"字，人们首先会想到"革命""改革""革故"。革命是要革一小部分的"命"，是革之既得利益；改革是改一大部分的"弊"，使人人都能既得利益。革命是非常之举措，不是闹着玩的，如果我们日常的改革都十分到位和有效，就不会有革命的一天。革故，经常悄无声息地发生在我们身边，如何能保证我们的改革、我们的革故"新的就是比旧的好"，而不是乱搞花样，这才是"革"的核心问题。有革就有被革，只有两者都得到了好处，才能顺利地推行，如果是一厢情愿，单方面地任意胡为，甚至是强制为之，那有可能就是瞎折腾。革的时候一定要认真考虑在特定历史阶段采取何种方式方法来革："损"的是什么？又能带来哪些"益"？权衡利弊得失，如果革后长期得不偿失、动荡不安，那就要用"再革"来及时修正。如果是政通人和、欣欣向荣，那就要巩固这来之不易的革后局面。改革只有进行时，没有完成时，改革应该把百姓有没有得到实实在在的好处当作试金石。革是有风险的，这就需要改革者有非凡的勇气、公而忘私的精神和勇于担当的意志品质，迎难而上，时势造"革"也。大自然四季分明，才有了景色各异，自革也。人也要时常进行自我革命，找出自己的缺点和不足，认真加以克服和改正，才能日新月异，鼎定人生。革命、改革是要水火相争的，二者又都是在革故，只是"泽火"激烈程度不同而已。

花样百出何时了，不问新旧只问好。
革面为标洗心本，欣欣向荣无有损。

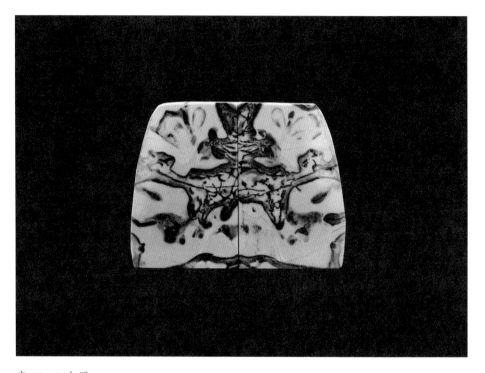

青田石对屏
2.6cm × 10cm × 15cm

此石图案似神龟负鼎万万年。鼎，大锅也。日常生活中，一个高明的厨师如何烹饪呢？肯定是要把事先洗好、切好的食材合理搭配、分清先后顺序依次放入锅中。厨师可以把前期的一些准备工作交给辅助人员去做，但把握火候和往锅里加水的事一定要亲力亲为。因为要想烹调出美味佳肴，加水的多少和火候的温热这两个环节最需要悉心掌握，这是在百练的基础上才能游刃有余的。煮好食物后的表现才尤为重要，是自己独吞，还是与众人分享？独吞未必能吃成，反而白搭辛苦行。与人分享人感激，以后你亦坐享成。我们人人都要力争做自己生活中的"大厨"。认真过活，与众人一道，品味精彩人生。鼎，天下也，逐鹿中原，就是变革。天下遂定、论功行赏，就是用人。人尽其用、盛世太平，才是目的。手段要为目标服务，用什么样的人，就有不一样的世道和局面。能者、贤者上位，就能天下大治，开政通人和康庄大道。这样的盛世氛围中，就要团结和引导各方面的力量，共同建设美好的家园。大到一国，就要积极发展各项社会事业，不仅在物质上要满足人们的"衣食住行柴米油盐"，还要在精神上满足人们的"琴棋书画诗酒花"，不断改善民生，切实增进人民的福祉。小到一个家庭，家庭的每一个成员都要努力上进，尽力维护好家庭的和谐美满，力争我们的每一个家庭都其乐融融、幸福满满。有这样的国，有这样的家，何尝不是鼎定人生？现实生活中，形容一个人有诚信——一言九鼎，形容一个人全心全意帮助别人——鼎力相助。我们生活在这个鼎立为公的伟大时代，要经常问一问自己：我说出的话一言九鼎了吗？帮助别人时我鼎力相助了吗？

　　风火家人火风鼎，风吹火旺正向行。
　　长远子孙万代事，盛极不可一时逞。

51
震
震为雷

敬天爱地

昌化鸡血石对章
3cm × 3cm × 13.7cm

此对章上部似电闪雷鸣，下部似波涛汹涌，中间两只小动物在上下这样激烈的环境中吓得不敢动弹，好像在反思自己做错了什么事情。动物都能在极端环境中若有所思，作为万物之灵的人又应该受到什么启发呢？人在做，天在看。举头三尺有神明。大自然时常会用刮大风、发大水、电闪雷鸣等独特方式来提醒和告诫人类。也许有人会说那都是些平常的自然现象，从阴阳二气来讲，本无可厚非，但随着人类的快速发展，经常发生的极端自然现象是值得我们反思的。泥石流的发生与我们乱砍滥伐、过度破坏湿地植被无关吗？地球变暖，温室效应与我们环境污染、任意排放无关吗？山体滑坡、地质塌陷与我们过度开采自然资源无关吗？从这个角度来说，大自然是用它独特的方式提醒我们，人类的行为已经超出了大自然能够承受的范围，如果人类还不知警醒和收敛可能就会面临更大的灾难。等到地球上最后一滴水是人类自己眼泪的时候，悔之晚矣！人是万物之灵，睹物思人，见灾能省。所以我们要时刻敬天爱地，感谢天地好生之德，感恩天地生养万物，要与天地休戚与共。在向天地合理索取的同时，也要惜之护之。游牧民族为什么轮流放牧？就是他们知道草原也需要休养生息。人类只有与天地和谐相处，才能生生不息。所以我们为人做事一定要效法自然，遵守先人几千年来从自然中总结出来的法则，并认真延续和丰富之。还有一些十分管用的口口相传的东西和约定俗成的良序民俗我们也要在实践中认真加以遵照。这些都要求我们从点滴做起，从节约一滴水、爱惜一页纸入手，自己先身体力行而后再去善意提醒身边的人。这样的积小行就会成大善，数十年如一日，定会自天佑之，吉无不利。

经验教训常须记，处逢大事有静气。

心怀敬畏反修己，敬天爱地常记起。

艮

艮
为
山

适可而止

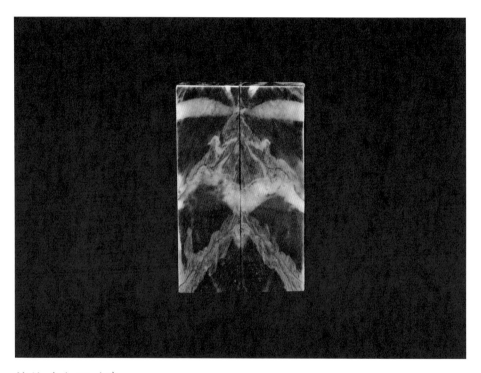

桂林鸡血玉对章
4.5cm × 4.5cm × 14.7cm

这对章上部下部各似一座高山，"上山下山"，正应艮之卦象。纯卦中的震卦用"洊"雷，而艮卦却用"兼"山，虽两字意思相近，都有"重"的意思，但细品之，又别有一番意境，"洊雷"是要多打几个雷才能震醒人们，"兼山"好似山连成一片，层层叠叠。"君子以思不出其位"，就是告诉我们看到山外有山，就要想到人外有人，就要各自守分尽责，相互照应彼此的关切。但个人的欲望要当止则止，如果非要爬完这山上那山，到最后可能都不知道自己是怎么累死的。

　　艮卦用我们身体部位来解每一爻，意在告诉我们真正要修为自己，首先要管住自己。迈开腿，管住嘴，沉下心，不后悔。"迈开腿"就是要在诱惑面前视若无物，拔腿就走；"管住嘴"就是要避免嘴馋嘴欠，病从口入，祸从口出；"沉下心"就是要心存正念，勿利欲熏心。要想做到这些就要从点滴开始，从小就要养成良好的行为习惯。非礼勿视，非礼勿听，时时保持一颗清净纯洁的心，特别是在动心起念之时，一定要用大脑、要用理智来支配自己的情感，这样自己的内心才能越来越强大，越来越能经得起各种诱惑。假以时日，不断精进，我们就能够"随心所欲，不逾矩"，进而就能够做到"知止而后定，定而后能静，静而后能安，安而后能虑，虑而后能得"。如果"艮"字加上点，就会"良"心发现；上九变上六，见"山"而思齐，就会变成"谦"谦君子，立身修德，永无止境。

　　艮上一点良心起，胸有万山常修己。
　　繁华三千心止水，适可而止无有悔。

53 渐 风山渐 循序渐进

青田石对章
2.5cm × 5cm × 11cm

这对章图案似直线、似曲线，且上下有序，曲线居多。这隐喻告诉我们，做什么事都要慢慢来，不可能一直到底，曲径才好通幽。

人一口吃个胖子是不可能的，打肿脸充胖子是愚蠢的。吃饭要一口一口地吃，细嚼慢咽，才能品味吃的乐趣。万丈高楼平地起，在打地基上多花功夫，在间架结构上多花心思，盖出的高楼才能既牢固又美观。人生长河中，到处都有曼妙的风景，生活不缺少美，缺少的是发现美的眼睛。你急匆匆赶路之时，大脑可能一片空白。只有我们慢下来，用心品味一下生活，才会明白人生要注重的是一个过程，这个过程慢一些，你感悟的就越多，从某种意义上说就等于延长了你的生命。人生于世要学鸿雁高飞于天，为了寻找南北方适宜的栖息地，亦如我们要树立正确的人生方向，一会儿排成"一"字，一会儿排成"人"字，无非就是为了减少前进中的阻力而做出的适时调整。一年两次的迁徙，正如我们奔波在生活的路上，虽然艰辛，但也要心怀感恩，充满乐趣。

现实中的很多浮躁充斥影视和街头，一夜暴富、一夜成名的神话不绝于耳，几栖明星成为不少人的梦想，他们忘记了艺术是根植于人民和日常生活的，好的作品绝对是细工出慢活的；谁谁谁四十不到已官至正厅，使得一些"官迷"望眼欲穿，宰相起于州郡，猛将必发于卒伍。培养和使用人才才是最大目的；使用增大剂的西瓜炸裂于地，添加剂的过度使用猪肥鸡大，快速出栏，也使得早熟的小胖孩儿屡见不鲜。凡此种种，耐人深思。我们要真正尊重自然规律，要循序渐进，我们是不是也要放慢一下行色匆匆的脚步，等一等自己的灵魂？

初出茅庐拜码头，循序渐进不强求。

渐入佳境别忘然，信念德行一始贯。

54
归妹
雷泽归妹
情何以堪

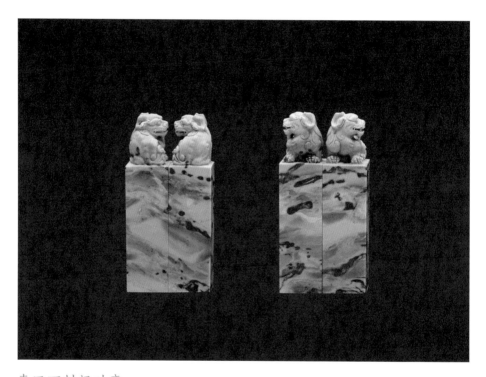

青田石封门对章
3cm × 3cm × 12.5cm

这对章头部的两个狮子如果两头相对，和颜悦色，章体下面的景色就似一汪泽水，美观耐看；反之，要是两头相背，"扭脸子调腔"，章体下面的景色就杂乱无章，让人侧目。这就隐喻告诉我们用什么方式方法处理情感问题兹事体大。

上至王侯将相、达官显贵，下至黎民百姓，凡夫俗子，只要他还是个活着的人，只要他还食人间烟火，哪个没有真情和实感？恰恰是这些真情实感才有了人与人之间真实的互动，进而构成了一幅活生生的人间百态图。这图中有卓文君重九登高看孤雁的无奈；有苏东坡相顾无言、唯有泪千行的深情；有王昭君家乡缈缈关山远的惆怅；有李白"五花马，千金裘，呼儿将出换美酒"的豪放；有杜甫"安得广厦千万间，大庇天下寒士俱欢颜"的家国情怀；有诸葛亮街亭挥泪斩马谡的不忍；有吴三桂"冲冠一怒为红颜"的性情；有文天祥、谭嗣同的慷慨赴死……罗列上述，意在想说，人在处理人与人的关系和具体问题时，特别是面对亲情时，谁能妥处？怎样处理才叫妥处？料无固定答案。如谁能给出标准答案也是站着说话不腰疼。说一千，道一万，世事是有大道的。那就是在面临感情之事时，还是要多过一过大脑，泼一点冷水，权衡一下利弊，既要不忘当初的千金一诺，又要适时适势做出合理的调整。问心更要问脑，要让理智多占一些上风。无愧我心好，经得起时间和后人的检验更好！

打虎兄弟父子兵，恒久面对亲与情。
亲情理智最难办，具体情境要分辨。

55 丰

雷火丰

名利双收

桂林鸡血玉墩子章
10cm × 10cm × 25cm

此章形体硕大，立体图案似"祖国山河一片红"。红日当空，山川河流尽收眼底，美不胜收。"丰"之景象跃然石上，让人心旷神怡。

天数一三五七九与地数二四六八十相加，丰卦之五十五也。丰盛、丰美、丰大之象让人手舞足蹈，几近疯狂也。如果历尽千辛，取得了骄人的成绩，只为弹冠相庆的一时疯狂，也未免太过妄自菲薄了。丰卦告诉我们，物质丰了以后，还要丰精神，更要丰自己的德行。只有丰德丰神，我们才不会故步自封，我们才能丰得长久一些。如若不然，天天过年，恐怕就会似李自成进京，美不了几天，昙花一现罢了。毛主席从西柏坡进京，意味深长地说这是"进京赶考"、是万里长征的第一步。可见他老人家是对创业难、守业更难的深深思考。做前无古人的伟大事业，无现成经验可学，但有太多的教训可以参考。我们不怕前进路上的困难，我们也可以摸着石头过河。这正是我们懂得经常反思总结自己的经验教训，所以我们一手抓物质文明，一手抓精神文明。国民的综合素质也在提高中促进，在促进中提高。任何事情都不是一蹴而就、一抓就灵的。我们更要在发展中不断地完善自己，居安思危，常备不懈，在开放中学习，在学习中提高。不管世界如何变幻，我们一定要有坚守我们文化自信的宏大思维。中华文明博大精深，只有充分认识到自己文化软实力是一切发展的基础，是我们守望相助、砥砺前行的不竭动力和源泉，并且代代相传，后继有人，我们才能长长久久、丰丰美美，实现中华民族的伟大复兴。

一个国、一个家都是由独立的个体构成的。"单兵"的综合素质如何是有无发展后劲的决定性因素。所以我们要不断学习、终身学习，潜心修己、甘于奉献，多助人，少索取。只要我们心往一处想，劲往一处使，我们的明天就一定会更加美好。

名利双收缘何故，奋斗修德永处处。

如日中天怎长久，做好续延时时有。

56 旅

火山旅

人在旅途

昌化鸡血石对章

2.8cm × 2.8cm × 11cm

此对章上部似点点帆船，喻指人离家在外，或旅行或漂泊。下部似一间房子，喻指你无论身在何方，总有一处老屋为你时刻敞开大门。

"国破山河在，城春草木深。感时花溅泪，恨别鸟惊心"，道出了乱世的凄凉和惆怅；"雕栏玉砌应犹在，只是朱颜改。问君能有几多愁，恰似一江春水向东流"，道出了寄人篱下的苟且和无奈；"汽笛一声肠已断，从此天涯孤旅"，道出了革命者舍小家为大家的胸怀。"在家日日好，出门时时难"，更是道出了离家在外的不易。

其实人从一出生就是一场旅行，由始至终就是一场生存之旅、学习之旅、修行之旅。但在这场旅行中，一个人能感悟并做到些什么就因人而异了。圣师孔子的人生之旅是泰山上的明灯。而独一无二的你又该如何走好自己的万里人生路呢？"三人行，必有吾师。"这就是教导我们：生而为人，时时需要学习，处处要与人和谐相处，点滴间守好正道本分。如果一个人老是不知天高地厚，甚至是目中无人，那绝对是自找苦吃，咎由自取。身处异域，要入境问俗，谦恭礼让，低调行事。人吃五谷杂粮，有时也难免得意忘形。当年刘备走投无路寄于曹操门下，浇菜种园，韬光养晦，煮酒论英雄时也能大智若愚。当稍事发达，成了吴国太的乘龙快婿，也有过"乐不思蜀"的流连忘返。韩信胯下之辱时也能低三下四，忍辱负重，日后伸手要王，功高震主而引杀身之祸。可见人都有由俭入奢易、由奢入俭难的劣根性。人在旅途不迷途，碰到好处不贪图，遇到坎途学用途，身家性命勿赌徒。三十六计走为上，而后再寻展宏图，正念似火胸中怀，当止则止展未来。

投石问路不宜多，凡事谦虚低调做。
出门在外先问俗，人生何处不旅途。

57 巽

巽为风

风吹草动

巽为风

巴林石水草
7cm × 14cm × 15cm

青田石水草
3cm × 11cm × 13cm

用巴林石水草和青田石水草一起来应巽卦，就是想告诉大家，都说风吹草动，如果同样的风吹在不同地域和不同的水草上效果会一样吗？更何况"上风下风"，风无孔不入的会有微风、有暴风，甚至也有"歪风"。如何能够好风凭借力、择善风而上青云，逆歪风而不跟风，进而能够扭转风向，才是考验我们"见风使舵"人生智慧的试金石。风从草原吹过，草像波浪一样向同一个方向起伏，蔚为壮观；风从山冈吹过，太重太大的石头好像纹丝不动，但日渐斑驳。此情此景，耐人寻味。绝不要熟视无睹，视若"空穴来风"。现实生活中，如果做什么事都只是一阵风，只有三分钟热度，什么事都成不了。所以我们要在树立合理目标的前提下，以大家都能接受的方式方法，多方联动，反复宣传，家喻户晓，深入人心，不厌其烦地加以引导、说清楚我们为什么要这么做，并给出这么做的预期，让大家在看到希望后自觉地养成良好的行为习惯和处事的准则。此乃善之善哉也！可有些时候是事与愿违的。你说东他偏向西，这股风不好，他偏跟风跑，这时要想方设法让他自己意识到需要回头；哪风就哪倒，一切都了了，这种人人云亦云，毫无人格和主见，要想办法让之能够独立思考，树立做人的自信和自尊；见风又使舵，处处又咄咄，碰见这样的人，你一味地逆来顺受，他就会得寸进尺，要善于拒之不合理的要求，使之有所收敛。只有因人而异的"吹风"才会有良好的"草动"。现在是多媒体时代，各种"风吹"铺天盖地，我们一定要有一双能够甄别"风向"的慧眼。现实当中，有些风向是上行下效，所以示范和榜样的选择一定要先有"好风"，这样的"吹草"才会云卷云舒，惠风和畅！

谋之以寡宣传众，万众同心利于动。

圆通上下长远计，风吹草动风气蜜。

58 兑 兑为泽

无言以兑

巴林鸡血石雕件

1.6cm × 4cm × 9cm　　1.8cm × 6cm × 9cm　　1.5cm × 4.5cm × 7.5cm　　1.5cm × 6cm × 7cm

用巴林鸡血石四梅花雕件来应兑卦，是因为人们通常遇见各色的鲜花都心生喜悦。这里为什么要用梅花呢，因为梅花傲雪凌寒，它给人以力量和无尽的启迪。人们看到水仙花、夹竹桃也十分喜爱，但心中要知道它的汁液是有毒性的。"悦"字去掉"言"，兑也。这就是提醒我们，要想长久的喜悦，不要光听悦耳之言，也不要刻意去奉承别人，要多注意说话之人背后的动机，是真心赞美，还是口蜜腹剑，要有分辨。

要想真正喜悦，就要在人生的不同阶段有不同的作为，在不同的时间、不同的场合说得体的话、做合宜的事。童年顽皮多好动，就要乐呵使劲蹦；求学时就要用心又用脑，学透又学好；工作时就要积极又肯干，任劳又任怨；二十四五六，就要把婚媾；为人夫为人妻，就要相互扶助永不弃；为人父为人母，就要含辛又茹苦；为人子为人女，就要尊老爱老永处处；退而休，不要闲来闷烟抽。人家喜，我亦乐，人家忧我亦愁，将心比心善心留；甜言又蜜语，心中别太喜，刀子嘴，豆腐心，碰上此人要感恩；灯红酒绿风月场，心中时时要有网；喝凉酒，使赃钱，毛病早晚找上前；人生如此过，非做苦行僧，时刻多修心，常问需哪根；一切皆浮云，结缘山水深，真心有实感，处处不觉浅；先做好自我，勿求人也做，家国有情怀，时刻装胸间；众人都拾柴，火焰就自来，和谐相生伴，永远记心田。人在做，天在看，自有公理来评判。

声色犬马勿上道，悟此梅花四件套。
心地无私浮云过，乐而忘忧最洒脱。

59 涣

风水涣

真心不涣

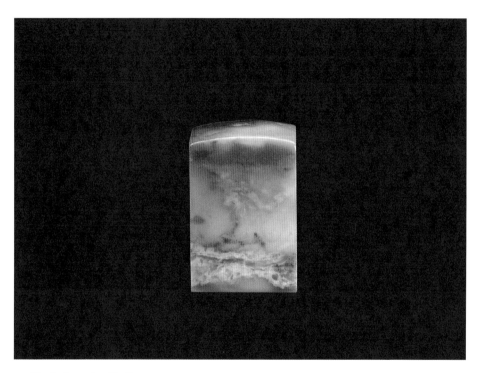

巴林鸡血石红花章

5cm × 5cm × 7.3cm

此章头部似风起云涌，底部荡起阵阵涟漪。上风下水，"涣"之象也。此石中间细看还似一"心"字，隐喻告诉我们要用真心来因应涣之局面。聚散总是缘，兴亡谁人定。天下没有不散的筵席。任何事物都是相对的，有聚就有散，有合就有分。所以我们要持有一颗平常心，聚之不过喜，分之不过忧。要想初步了解一下涣卦，看一看中国人过春节就好了。特别是一个家庭中，孩子在外地工作，父母与儿女一年甚至几年不见了，共同过一个团圆年是件全体家人望眼欲穿的事。来时，儿女拖家带口、大包小包，聚在一起眉飞色舞、兴高采烈，走时，亦大包小包，一般父亲儿子默不作声，母亲女儿多泪眼婆娑。送别的车站里，一声"爷爷、奶奶……"可能会让人瞬间泪奔，这让一个家更能紧紧地凝结在一起。

小到一个家庭，"大包小包"承载了太多的爱，千里万里可能真的需要爸妈准备的一桌好菜；上到一个集体，有考录的新人，有即将退休的老同志，从某种意义上说也是有聚有散。一个集体在一起共同奋斗的岁月最难忘。铁打的营盘流水的兵，"散"时的不舍，有时真的取决于在一起时相处得怎么样，取决于这个集体的合作精神、人文底蕴、同过什么共过什么苦，取决于个人的整体素质，也取决于这个集体的价值取向。人人互相关爱是十分重要的，千万可别发出"人心散了，队伍不好带啊"的感慨！大到一个国，平时一定要让国民安居乐业，各得其所。国之需要时百姓才能奋不顾身，慷慨舍身。这就需要执政者在平素想百姓之所想，急百姓之所急。爱民如子金不换。

劝君一杯西出关，孤帆远影泪已沾。

聚少离多是常态，装在心里更是爱。

⁶⁰节 水泽节 合理节制

巴林鸡血石雕件
3cm × 12cm × 15cm

此巴林石雕件最难能可贵的是它的上方有一条贯穿其中的红血线，这既像现实中的高压线，也似做人的警戒线，天造此物，是想让人明白无论做什么事心中时刻都要有一根懂得节制的底线。这根红线在上部，似又在提醒人们，为人做事如果只得60分才刚刚及格，与"忠孝节义"的要求还相差很远。还要继续精进努力才能走向既济，反之，如果一放松，可能又要一无所得，全部涣散了。中国的传统节日很多，一是丰富了人们枯燥的生活，更重要的可能是想通过让人们过节来达到一定的教化目的。例如，春节要一家人吃年夜饭，是要让人们珍惜亲情；说放鞭炮的纸屑是财，不可往外倒，是要让人们爱惜环境；端午节吃粽子，名曰纪念屈原，实则让人们重道爱国；重阳节吃年糕，寓意吉祥，更是为了让人们尊老爱老。明白了过节的意义，平常的日子就过得愉快祥和、和和美美。一说过节就胡吃海喝，昼伏夜出，黑白颠倒，似歌舞升平，只能逞一时之乐。

春夏秋冬，二十四节气，循环往复，亘古不变，这是天地有节而常新；国泰民安，政通人和，一定是国民各安其道，各守其分，这是官民有节而常兴；家庭幸福，其乐融融，一定是母慈子孝，兄爱弟仁，这是父子有节而常旺；事业蓬勃，友朋遍地，一定是好学上进，礼义廉耻，这是为人有节而常达。合理之节无外乎自我节制和节制他人两个方面。自我节制就是修身养性，时刻严格要求自己；节制他人就是社会管理，应以不劳民伤财、教化有方为基本出发点。我们做一切事情都要有合理的节制，那么就请从节之卦象开始——节约使用每一滴水入手吧！

节气歌来节气令，日常红线不触碰。

冷要加衣暖少穿，做人道理如此参。

巴林冻石对章
3.5cm × 3.5cm × 16cm

这对章图案似两人相遇，谦虚地头对着头，手握着手，但各自心里怎么想的只有自己最清楚。此卦相邻两爻两两相对，"两头实中间虚"，卦象好像在告诉我们：为人做事要用脑实实在在地去思考、要用脚踏踏实实地去行动，如何思考和行动"诚"也在心、"虚"也在心。现实生活中，我们经常会碰到有些人好像笨笨的，不急不躁，甚至有些木讷，但他们遵守承诺、讲求信用。又似"老黄牛"，低头拉车、甘于奉献，他们堪有水深不语、大智若愚的气度。其实这样的人大多十分憨厚，人们都愿意与他们交往。再奸诈之人也很少对他们动歪心眼儿，不忍欺之；也有些人精于算计，处处为自己着想，时时想占点小便宜，像个"人精子"，其实这样的人也不是说有多坏。但这样的人如果任其"发展"，容易把自己包装成"大善人""救世主"，伪君子也。与这样的人打交道人们可能也会多留个心眼儿、留点余地，这样的人有时是人算不如天算；有些人干脆就是六亲不认，唯利是图，翻脸无情，连自己亲爹也不行。为一己私利甚至不惜铤而走险，这样的人像过街之鼠，至少也是人人敬而远之。啰唆这些是想说，讲诚信也是要有前提的，那就是要识人识事、明辨是非。

在实际交往中，我们不要光听一个人怎么说，更要看他怎么做。光说不做假把式，言行一致、表里如一才是为人做事的根本。虽说人无信不立，但"我本将心向明月，奈何明月照沟渠"的因应也不少。还有一些奸诈之徒就是要存心欺骗甚至害你于无形，你还用诚信应之，岂不是真傻子的愚蠢？人生在世，要时刻解剖自己、反省自己：去伪存真，去恶存善，因时因事去正确看待每一个人，适宜地选择以什么样的诚和信去合理地因应之。

两两相对没有假，真亦真来假也假。

适宜因应实与虚，诚在心中总谦虚。

62 小过

雷山小过

顺势而为

巴林图案石

6cm × 15cm × 28cm

仔细端详此石意境，竖起来像一只雏鹰落在一块石上，也许是久飞而息，这时最重要的就是它要根据自己的体力和需要，是选择继续高飞，还是顺势向下。现实生活中，不同的人经常站在不同的角度来说一件事，公说公有理，婆说婆有理，有时究竟错没错，过没过，真的很难评说，就像这个小故事，有人闲来无事问一出家之人："大师，您真的滴酒不沾吗？"大师："罪过，罪过。"那人便说："朋友来了不招待喝点酒，也太不够意思了吧，看来您已灭七情绝六欲了，您真是得道高僧。"大师又说："刚不跟你说了嘛，醉过，醉过。"不喝酒不破戒是高僧，喝酒破戒的又会说"酒肉穿肠过，佛祖心中留"。

　　日常生活中，经常会碰见自不量力和自不相信两种人，好像前者居多。自不量力的人多眼高手低，好高骛远。与这样的人处事，多半会误事；自不相信的人，多内向自卑，唯唯诺诺，胆胆怯怯。这样的人容易自我错过机会。所以我们要允许人犯错并给人以改正的机会，要鼓励人们在一定空间合理地试、大胆地闯。这样才能发挥人的潜能，人尽其用，而不是谨小慎微，死气沉沉。人最重要的是要有了解自己能吃几碗干饭的自知之明、有推功揽过的美德、有善于把责任扛在肩上的担当。人好像经常是大错误不犯，小错误不断。然后又用"人非圣贤，孰能无过"来安慰和原谅自己。如果我们在日常生活中都用"恕己之心恕人，责人之心责己"，就没有那么多的小是小非，扰得鸡飞狗跳了。所以人要时时根据自身实际，研判好具体情境，顺势而为，小事要谨慎，大事不糊涂。

　　振翅高飞量力行，脱缰烈马不得宁。
　　顺势而为把好度，过与不及要有数。

63
既济
水火既济
珍爱功成

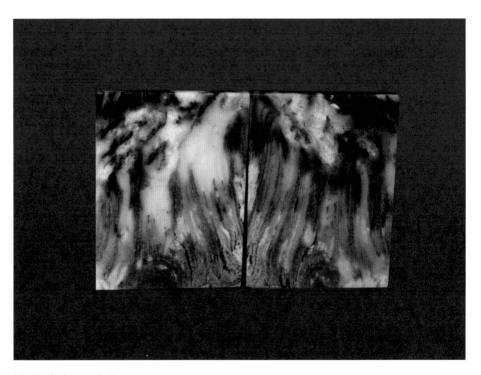

桂林鸡血玉对屏
1.7cm × 19cm × 25cm

此对板图案上似水下似火，水火"既济"之象也。《黄帝内经》解释人失眠是因为心肾不交。五行中，心属火、肾属水，心与肾又没有紧挨着，怎么能相交呢？这就需要心肾二者阴阳调和才得安眠——水火相交也。这就提示我们需要用多少的"水"、多少的"火"正合宜，二者才能相交，否则的话，不是"浇灭"就是"烧干"。很早以前，看过一部电影《二嫫》。一个乡下妇女就想买一台比村长家还大的电视机，整日辛苦劳作，甚至去卖血。买回了电视机，她的梦想实现了，人反而傻傻地呆坐在那里，好像以后不知何去何从了。如果二嫫以后还想翻盖新房、垒自家院墙……这就提示我们，人生要树立一个远大的目标，为实现这个总目标，还要根据不同的年龄段分立一些小目标，由近及远逐步去实现之。亦如我们为了实现共产主义理想，需要先实现若干个"五年计划"，若干代人来持之以恒、锲而不舍地为之努力和奋斗。现实中，这些阶段性的小目标要想顺利实现也是很困难的，这就需要我们坚定信念、因时因势而采取不同的、合理的方法和途径，而不是墨守成规，一条道走到黑。生活中很多事情如在江面上滑冰，时快时慢，翩翩起舞，看似好不惬意，但冰的下面不知水深水浅，就连暂时承载你的冰的薄厚也无法详知。所以说，表面光鲜的东西，有可能暗含波涛汹涌，危机四伏。所以我们要处处谨慎，防患于未然，不要得意忘形。马失前蹄悔之晚矣。人们都说，失败是成功之母。纵观历史和现实，成功又何尝不是失败之母？创业难，守成难。既济未济不能分，亦分不开也。

当位相应只此一，水火相交细品之。
一帆风顺是祝愿，运筹帷幄防未然。

64
未济
火水未济
永无止境

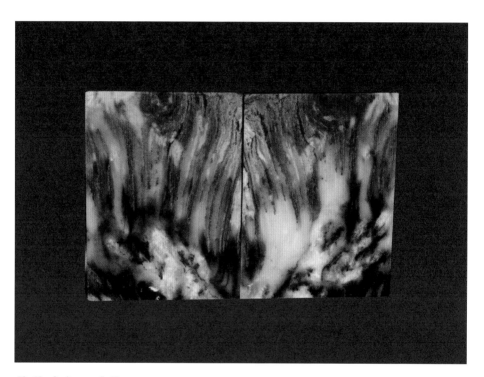

桂林鸡血玉对屏
1.7cm × 19cm × 25cm

此对屏翻转过来，火水"未济"之象也。正如应泰否两卦之四连章图案。

没有失，无有得；没有损，哪有益？没有"否"，无有"泰"；无小人怎能显君子？祸兮福所倚，福兮祸所伏。

"十五志于学，三十而立，四十不惑，五十知天命，六十耳顺，七十从心所欲，不逾矩。"

天地间，人和事，只要你因时因势做出合理的因应和调整，但问耕耘，潜心修己，积极作为，顺其自然，你就是自己人生的王者！

始终，终始……

相综相错又相交，

一切警示都在昭。

循环往复天地道，

真正悟透为至妙。

《易经》原文

乾为天

乾。元亨利贞。

《彖》曰：大哉乾元！万物资始，乃统天。云行雨施，品物流形。大明终始，六位时成，时乘六龙以御天。乾道变化，各正性命。保合大和，乃利贞。首出庶物，万国咸宁。

《象》曰：天行健，君子以自强不息。"潜龙勿用"，阳在下也。"见龙在田"，德施普也。"终日乾乾"，反复道也。"或跃在渊"，进无咎也。"飞龙在天"，大人造也。"亢龙有悔"，盈不可久也。"用九"，天德不可为首也。

初九曰"潜龙勿用"，何谓也？子曰："龙，德而隐者也。不易乎世，不成乎名，遁世无闷，不见是而无闷，乐则行之，忧则违之，确乎其不可拔，潜龙也。"

九二曰"见龙在田，利见大人"，何谓也？子曰："龙，德而正中者也。庸言之信，庸行之谨，闲邪存其诚，善世而不伐，德博而化。《易》曰'见龙在田，利见大人'，君德也。"

九三曰"君子终日乾乾，夕惕若，厉无咎"，何谓也？子曰："君子进德修业。忠信，所以进德也；修辞立其诚，所以居业也。知至至之，可与言几也；知终终之，可与存义也。是故，居上位而不骄；在下位而不忧。故乾乾因其时而惕，虽危无咎矣。"

九四曰"或跃在渊，无咎"，何谓也？子曰："上下无常，非为邪也。进退无恒，非离群也。君子进德修业，欲及时也，故无咎。"

九五曰"飞龙在天，利见大人"，何谓也？子曰："同声相应，同气相求。水流湿，火就燥；云从龙，风从虎。圣人作而万物睹，本乎天者亲上，本乎地者亲下，则各从其类也。"

上九曰："亢龙有悔"。何谓也？子曰："贵而无位，高而无民，贤人在下，位而无辅，是以动而有悔也。"

用九：见群龙无首，吉。

《文言》曰：元者，善之长也；亨者，嘉之会也；利者，义之和也；贞者，事之干也。君子体仁足以长人，嘉会足以合礼，利物足以和义，贞固足以干事。君子行此四德者，故曰："乾，元亨利贞。"

"乾龙勿用"，下也。"见龙在田"，时舍也。"终日乾乾"，行事也。"或跃在渊"，自试也。"飞龙在天"，上治也。"亢龙有悔"，穷之灾也。乾元"用九"，天下治也。

"乾龙勿用"，阳气潜藏。"见龙在田"，天下文明。"终日乾乾"，与时偕行。"或跃在渊"，乾道乃革。"飞龙在天"，乃位乎天德。"亢龙有悔"，与时偕极。乾元用九，乃见天则。

乾"元"者，始而亨者也。"利贞"者，性情也。乾始，能以美利利天下，不言所利，大矣哉，大哉乾乎！刚健中正，纯粹精也。六爻发挥，旁通情也。"时乘六龙"，以御天也。"云行雨施"，天下平也。

君子以成德为行，日可见之行也。"潜"之为言也，隐而未见，行而未成，是以君子弗用也。

君子学以聚之，问以辩之，宽以居之，仁以行之。易曰"见龙在田，利见大人"，君德也。

九三重刚而不中，上不在天，下不在田。故乾乾因其时而惕，虽危无咎矣。

九四重刚而不中，上不在天，下不在田，中不在人，故"或"之。或之者，疑之也，故无咎。

夫大人者，与天地合其德，与日月合其明，与四时合其序，与鬼神合其吉凶。先天下而天弗违，后天而奉天时。天且弗违，而况于人乎？况于鬼神乎！

"亢"之为言也，知进而不知退，知存而不知亡，知得而不知丧。其唯圣人乎？知进退存亡，而不失其正者，其为圣人乎？

坤为地

䷁

坤，元，亨，利牝马之贞。君子有攸往，先迷后得主，利西南得朋，东北丧朋。安贞吉。

《彖》曰：至哉坤元！万物资生，乃顺承天。坤厚载物，德合无疆。含弘光大，品物咸亨。"牝马"地类，行地无疆，柔顺利贞。"君子"攸行，先迷失道，后顺得常。"西南得朋"，乃与类行；"东北丧朋"，乃终有庆。安贞之吉，应地无疆。

《象》曰：地势坤，君子以厚德载物。

初六：履霜，坚冰至。

《象》曰："履霜，坚冰"，阴始凝也。驯致其道，至坚冰也。

六二：直方大，不习无不利。

《象》曰：六二之动，直以方也。"不习无不利"，地道光也。

六三：含章可贞。或从王事，无成有终。

《象》曰："含章可贞"，以时发也。"或从王事"，知光大也。

六四：括囊，无咎无誉。

《象》曰："括囊无咎"，慎不害也。

六五：黄裳，元吉。

《象》曰："黄裳。元吉"，文在中也。

上六：龙战于野，其血玄黄。

《象》曰："龙战于野"，其道穷也。

用六：利永贞。

《象》曰："用六"永贞，以大终也。

文言曰：坤至柔而动也刚，至静而德方，后得主而有常，含万物而化光。坤道其顺乎！承天而时行。

积善之家，必有余庆；积不善之家，必有余殃。臣弑其君，子弑其父，非一朝一夕之故，其所由来者渐矣，由辩之不早辩也。《易》曰："履霜坚冰至"，盖言顺也。

直，其正也，方，其义也。君子敬以直内，义以方外，敬义立而德不孤。"直方大，不习无不利"，则不疑其所行也。

阴虽有美，含之以从王事，弗敢成也。地道也，妻道也，臣道也。地道无成，而代有终也。

天地变化，草木蕃。天地闭，贤人隐。《易》曰："括囊，无咎无誉"。盖言谨也。

君子黄中通理，正位居体。美在其中，而畅于四支，发于事业，美之至也！

阴疑于阳"必战"。为其嫌于无阳也，故称龙焉。犹未离其类也，故称"血"焉。夫"玄黄"者，天地之杂也，天玄而地黄。

水
雷
屯

䷂

屯，元亨，利贞。勿用有攸往，利建侯。

《彖》曰：屯，刚柔始交而难生。动乎险中，大亨贞。雷雨之动满盈，天造草昧，宜建侯而不宁。

《象》曰：云雷屯。君子以经纶。

初九：磐桓。利居贞，利建侯。

《象》曰：虽"磐桓"，志行正也。以贵下贱，大得民也。

六二：屯如邅如，乘马班如。匪寇婚媾。女子贞不字，十年乃字。

《象》曰：六二之难，乘刚也。"十年乃字"，反常也。

六三：既鹿无虞，惟入于林中，君子几，不如舍。往吝。

《象》曰："既鹿无虞"，以从禽也。君子舍之，往吝穷也。

六四：乘马班如，求婚媾，往吉无不利。

《象》曰："求"而往，明也。

九五：屯其膏，小贞吉，大贞凶。

《象》曰："屯其膏"，施未光也。

上六：乘马班如，泣血涟如。

《象》曰："泣血涟如"，何可长也。

山
水
蒙
☷

蒙，亨。匪我求童蒙，童蒙求我。初噬告，再三渎，渎则不告。利贞。

《彖》曰：蒙，山下有险。险而止，蒙。蒙"亨"，以亨行时中也。"匪我求童蒙，童蒙求我"，志应也。"初筮告"，以刚中也。"再三渎，渎则不告"，渎蒙也。蒙以养正，圣功也。

《象》曰：山下出泉，蒙。君子以果行育德。

初六：发蒙。利用刑人，用说桎梏，以往吝。

《象》曰："利用刑人"，以正法也。

九二：包蒙吉。纳妇吉，子克家。

《象》曰："子克家"，刚柔接也。

六三：勿用娶女，见金夫不有躬。无攸利。

《象》曰："勿用取女"，行不顺也。

六四：困蒙，吝。

《象》曰："困蒙"之"吝"，独远实也。

六五：童蒙，吉。

《象》曰："童蒙"之"吉"，顺以巽也。

上九：击蒙。不利为寇，利御寇。

《象》曰："利用御寇"，上下顺也。

水天需

䷄

需，有孚，光亨，贞吉。利涉大川。

《彖》曰：需，须也。险在前也，刚健而不陷，其义不困穷矣。"需，有孚，光亨，贞吉"，位乎天，位以正中也。"利涉大川"，往有功也。

《象》曰：云上于天，需。君子以饮食宴乐。

初九：需于郊。利用恒，无咎。

《象》曰："需于郊"，不犯难行也。"利用恒，无咎"，未失常也。

九二：需于沙。小有言，终吉。

《象》曰："需于沙"，衍在中也。虽"小有言"，以终吉也。

九三：需于泥，致寇至。

《象》曰："需于泥"，灾在外也。自我"致寇"，敬慎不败也。

六四：需于血，出自穴。

《象》曰："需于血"，顺以听也。

九五：需于酒食，贞吉。

《象》曰："酒食，贞吉"，以中正也。

上六：入于穴，有不速之客三人来，敬之终吉。

《象》曰："不速之客"来，"敬之终吉"。虽不当位，未大失也。

讼，有孚窒惕，中吉终凶。利见大人，不利涉大川。

《彖》曰：讼，上刚下险。险而健，讼。"讼，有孚窒惕，中吉"，刚来而得中也。"终凶"，讼不可成也。"利见大人"，尚中正也。"不利涉大川"，入于渊也。

《象》曰：天与水违行，讼。君子以作事谋始。

初六：不永所事，小有言，终吉。

《象》曰："不永所事"，讼不可长也。虽"有小言"，其辩明也。

九二：不克讼，归而逋，其邑人三百户，无眚。

《象》曰："不克讼，归而逋也"。自下讼上，患至掇也。

六三：食旧德，贞厉，终吉，或从王事，无成。

《象》曰："食旧德"，从上吉也。

九四：不克讼，复自命，渝安贞，吉。

《象》曰："复即命渝，安贞"，不失也。

九五：讼，元吉。

《象》曰："讼，元吉"，以中正也。

上九：或锡之鞶带，终朝三褫之。

《象》曰：以讼受服，亦不足敬也。

师，贞，丈人吉。无咎。

《彖》曰："师"众也。"贞"正也。能以众正，可以王矣。刚中而应，行险而顺，以此毒天下，而民从之，吉，又何咎矣！

《象》曰：地中有水，师。君子以容民畜众。

初六：师出以律，否臧凶。

《象》曰："师出以律"，失律凶也。

九二：在师中，吉，无咎，王三锡命。

《象》曰："在师中，吉"，承天宠也。"王三锡命"，怀万邦也。

六三：师或舆尸，凶。

《象》曰："师或舆尸"，大无功也。

六四：师左次，无咎。

《象》曰："左次，无咎"，未失常也。

六五：田有禽，利执言，无咎。长子帅师，弟子舆尸，贞凶。

《象》曰："长子帅师"，以中行也。"弟子舆尸"，使不当也。

上六：大君有命，开国承家，小人勿用。

《象》曰："大君有命"，以正功也。"小人勿用"，必乱邦也。

比，吉。原筮，元永贞，无咎。不宁方来，后夫凶。

《象》曰：比，吉也。比，辅也，下顺从也。"原筮。元永贞，无咎"，以刚中也。"不宁方来"，上下应也。"后夫凶"，其道穷也。

《象》曰：地上有水，比。先王以建万国，亲诸侯。

初六：有孚比之，无咎。有孚盈缶，终来有它，吉。

《象》曰：比之初六，有它吉也。

六二：比之自内，贞吉。

《象》曰："比之自内"，不自失也。

六三：比之匪人。

《象》曰："比之匪人"，不亦伤乎！

六四：外比之，贞吉。

《象》曰：外比于贤，以从上也。

九五：显比。王用三驱失前禽。邑人不诫，吉。

《象》曰："显比"之吉，位正中也。舍逆取顺，"失前禽"也。"邑人不诫"，上使中也。

上六：比之无首，凶。

《象》曰："比之无首"，无所终也。

小畜，亨。密云不雨，自我西郊。

《彖》曰：小畜，柔得位而上下应之，曰小畜。健而巽，刚中而志行，乃"亨"。"密云不雨"，尚往也。"自我西郊"，施未行也。

《象》曰：风行天上，小畜。君子以懿文德。

初九：复自道，何其咎？吉。

《象》曰："复自道"，其义吉也。

九二：牵复，吉。

《象》曰："牵复"在中，亦不自失也。

九三：舆说辐，夫妻反目。

《象》曰："夫妻反目"，不能正室也。

六四：有孚，血去惕出，无咎。

《象》曰："有孚，惕出"，上合志也。

九五：有孚挛如，富以其邻。

《象》曰："有孚挛如"，不独富也。

上九：既雨既处，尚德载，妇贞厉。月几望，君子征凶。

《象》曰："既雨既处"，德积载也。"君子征凶"，有所疑也。

履，履虎尾，不咥人。亨。

《彖》曰：履，柔履刚也。说而应乎乾，是以"履虎尾，不咥人，亨"。刚中正，履帝位而不疚，光明也。

《象》曰：上天下泽，履。君子以辨上下，定民志。

初九：素履，往无咎。

《象》曰："素履"之往，独行愿也。

九二：履道坦坦，幽人贞吉。

《象》曰："幽人贞吉"，中不自乱也。

六三：眇能视，跛能履，履虎尾，咥人，凶。武人为于大君。

《象》曰："眇能视"，不足以有明也。"跛能履"，不足以与行也。"咥人"之凶，位不当也。"武人为于大君"，志刚也。

九四：履虎尾，愬愬终吉。

《象》曰："愬愬终吉"，志行也。

九五：夬履，贞厉。

《象》曰："夬履，贞厉"，位正当也。

上九：视履考详，其旋元吉。

《象》曰："元吉"在上，大有庆也。

泰，小往大来，吉亨。

《彖》曰："泰，小往大来，吉亨"，则是天地交而万物通也；上下交而其志同也。内阳而外阴，内健而外顺，内君子而外小人，君子道长，小人道消也。

《象》曰：天地交，泰。后以财成天地之道，辅相天地之宜，以左右民。

初九：拔茅茹，以其汇，征吉。

《象》曰："拔茅""征吉"，志在外也。

九二：包荒，用冯河，不遐遗，朋亡，得尚于中行。

《象》曰："包荒"，"得尚于中行"，以光大也。

九三：无平不陂，无往不复。艰贞无咎。勿恤其孚，于食有福。

《象》曰："无往不复"，天地际也。

六四：翩翩，不富以其邻，不戒以孚。

《象》曰："翩翩，不富"，皆失实也。"不戒以孚"，中心愿也。

六五：帝乙归妹，以祉元吉。

《象》曰："以祉元吉"，中以行愿也。

上六：城复于隍，勿用师，自邑告命。贞吝。

《象》曰："城复于隍"，其命乱也。

否，否之匪人，不利君子贞，大往小来。

《彖》曰："否之匪人，不利君子贞。大往小来"，
则是天地不交而万物不通也。上下不交而天下无邦也。
内阴而外阳，内柔而外刚，内小人而外君子。小人道
长，君子道消也。

《象》曰：天地不交，否。君子以俭德辟难，不
可荣以禄。

初六：拔茅茹，以其汇，贞吉亨。

《象》曰："拔茅""贞吉"，志在君也。

六二：包承。小人吉，大人否亨。

《象》曰："大人否亨"，不乱群也。

六三：包羞。

《象》曰："包羞"，位不当也。

九四：有命无咎，畴离祉。

《象》曰："有命无咎"，志行也。

九五：休否，大人吉。其亡，其亡！系于苞桑。

《象》曰："大人"之吉，位正当也。

上九：倾否，先否后喜。

《象》曰：否终则倾，何可长也？

同人，同人于野，亨。利涉大川，利君子贞。

《彖》曰：同人，柔得位得中而应乎乾，曰同人。同人曰"同人于野，亨，利涉大川"，乾行也。文明以健，中正而应，君子正也。唯君子为能通天下之志。

《象》曰：天与火，同人。君子以类族辨物。

初九：同人于门，无咎。

《象》曰："出门"同人，又谁咎也。

六二：同人于宗，吝。

《象》曰："同人于宗"，吝道也。

九三：伏戎于莽，升其高陵，三岁不兴。

《象》曰："伏戎于莽"，敌刚也。"三岁不兴"，安行也。

九四：乘其墉，弗克攻，吉。

《象》曰："乘其墉"，义弗克也，其"吉"，则困而反则也。

九五：同人，先号咷而后笑。大师克相遇。

《象》曰：同人之"先"，以中直也。"大师"相遇，言相克也。

上九：同人于郊，无悔。

《象》曰："同人于郊"，志未得也。

大有，元亨。

《彖》曰：大有，柔得尊位，大中而上下应之，曰大有。其德刚健而文明，应乎天而时行，是以"元亨"。

《象》曰：火在天上，大有。君子以遏恶扬善，顺天休命。

初九：无交害，匪咎。艰则无咎。

《象》曰：大有初九，无交害也。

九二：大车以载，有攸往，无咎。

《象》曰："大车以载"，积中不败也。

九三：公用亨于天子，小人弗克。

《象》曰："公用亨于天子"，小人害也。

九四：匪其彭，无咎。

《象》曰："匪其彭，无咎"，明辨晢也。

六五：厥孚交如，威如，吉。

《象》曰："厥孚交如"，信以发志也。"威如"之吉，易而无备也。

上九：自天佑之，吉，无不利。

《象》曰：大有上吉，自天佑也。

谦，亨，君子有终。

《彖》曰：谦"亨"天道下济而光明，地道卑而上行。天道亏盈而益谦，地道变盈而流谦，鬼神害盈而福谦，人道恶盈而好谦。谦尊而光，卑而不可逾，"君子"之"终"也。

《象》曰：地中有山，谦。君子以哀多益寡，称物平施。

初六：谦谦君子，用涉大川，吉。

《象》曰："谦谦君子"，卑以自牧也。

六二：鸣谦，贞吉。

《象》曰："鸣谦，贞吉"，中心得也。

九三：劳谦，君子有终，吉。

《象》曰："劳谦"君子，万民服也。

六四：无不利，㧑谦。

《象》曰："无不利，㧑谦"，不违则也。

六五：不富以其邻。利用侵伐，无不利。

《象》曰："利用侵伐"，征不服也。

上六：鸣谦，利用行师，征邑国。

《象》曰："鸣谦"，志未得也。可用"行师，征邑国"也。

豫，利建侯行师。

《彖》曰：豫，刚应而志行，顺以动，豫。豫顺以动，故天地如之，而况"建侯行师"乎？天地以顺动，故日月不过而四时不忒。圣人以顺动，则刑罚清而民服。豫之时义大矣哉！

《象》曰：雷出地奋，豫。先王以作乐崇德，殷荐之上帝，以配祖考。

初六：鸣豫，凶。

《象》曰：初六"鸣豫"，志穷凶也。

六二：介于石，不终日，贞吉。

《象》曰："不终日，贞吉"，以中正也。

六三：盱豫，悔，迟有悔。

《象》曰："盱豫"，"有悔"，位不当也。

九四：由豫，大有得。勿疑，朋盍簪。

《象》曰："由豫，大有得"，志大行也。

六五：贞疾，恒不死。

《象》曰：六五"贞疾"，乘刚也。"恒不死"，中未亡也。

上六：冥豫成，有渝，无咎。

《象》曰："冥豫"在上，何可长也？

泽
雷
随

䷐

随，元亨利贞。无咎。

《彖》曰：随，刚来而下柔，动而说，随。大"亨"贞"无咎"，而天下随时。随之时义大矣哉！

《象》曰：泽中有雷，随。君子以向晦入宴息。

初九：官有渝，贞吉。出门交有功。

《象》曰："官有渝"，从正吉也。"出门交有功"，不失也。

六二：系小子，失丈夫。

《象》曰："系小子"，弗兼与也。

六三：系丈夫，失小子。随有求得，利居贞。

《象》曰："系丈夫"，志舍下也。

九四：随有获，贞凶。有孚在道以明，何咎？

《象》曰："随有获"，其义凶也。"有孚在道"，明功也。

九五：孚于嘉，吉。

《象》曰："孚于嘉，吉"，位正中也。

上六：拘系之，乃从维之。王用亨于西山。

《象》曰："拘系之"，上穷也。

蛊，元亨，利涉大川。先甲三日，后甲三日。

《彖》曰：蛊，刚上而柔下，巽而止，蛊。蛊"元亨"，而天下治也。"利涉大川"，往有事也。"先甲三日，后甲三日"，终则有始，天行也。

《象》曰：山下有风，蛊。君子以振民育德。

初六：干父之蛊。有子考，无咎，厉终吉。

《象》曰："干父之蛊"，意承考也。

九二：干母之蛊，不可贞。

《象》曰："干母之蛊"，得中道也。

九三：干父之蛊，小有悔，无大咎。

《象》曰："干父之蛊"，终无咎也。

六四：裕父之蛊，往见吝。

《象》曰："裕父之蛊"，往未得也。

六五：干父之蛊，用誉。

《象》曰："干父之蛊，用誉"，承以德也。

上九：不事王侯，高尚其事。

《象》曰："不事王侯"，志可则也。

临，元亨利贞，至于八月有凶。

《彖》曰：临，刚浸而长，说而顺。刚中而应。大亨以正，天之道也。"至于八月有凶"，消不久也。

《象》曰：泽上有地，临。君子以教思无穷，容保民无疆。

初九：咸临，贞吉。

《象》曰："咸临，贞吉"，志行正也。

九二：咸临，吉，无不利。

《象》曰："咸临，吉，无不利"，未顺命也。

六三：甘临，无攸利。既忧之，无咎。

《象》曰："甘临"，位不当也。"既忧之"，咎不长也。

六四：至临，无咎。

《象》曰："至临，无咎"，位当也。

六五：知临，大君之宜，吉。

《象》曰："大君之宜"，行中之谓也。

上六：敦临，吉，无咎。

《象》曰："敦临"之吉，志在内也。

风
地
观

观。盥而不荐，有孚颙若。

《彖》曰：大观在上，顺而巽，中正以观天下，观"盥而不荐。有孚颙若"，下观而化也。观天之神道，而四时不忒。圣人以神道设教，而天下服矣。

《象》曰：风行地上，观，先王以省方观民设教。

初六：童观，小人无咎，君子吝。

《象》曰："初六：童观"，小人道也。

六二：窥观，利女贞。

《象》曰："窥观""女贞"，亦可丑也。

六三：观我生进退。

《象》曰："观我生进退"，未失道也。

六四：观国之光，利用宾于王。

《象》曰："观国之光"，尚宾也。

九五：观我生，君子无咎。

《象》曰："观我生"，观民也。

上九：观其生，君子无咎。

《象》曰："观其生"，志未平也。

噬嗑，亨。利用狱。

《彖》曰：颐中有物，曰噬嗑，"噬嗑"而"亨"。刚柔分，动而明，雷电合而章。柔得中而上行，虽不当位，"利用狱"也。

《象》曰：雷电噬嗑，先王以明罚敕法。

初九：履校灭趾，无咎。

《象》曰："履校灭趾"，不行也。

六二：噬肤灭鼻，无咎。

《象》曰："噬肤灭鼻"，乘刚也。

六三：噬腊肉，遇毒，小吝无咎。

《象》曰："遇毒"，位不当也。

九四：噬干胏，得金矢。利艰贞吉。

《象》曰："利艰贞吉"，未光也。六五：噬干肉，得黄金，贞厉无咎。

《象》曰："贞厉无咎"，得当也。

上九：何校灭耳，凶。

《象》曰："何校灭耳"，聪不明也。

贲，亨。小利有攸往。

《彖》曰：贲"亨"。柔来而文刚，故"亨"。分刚上而文柔，故"小利有攸往"，天文也。文明以止，人文也。观乎天文，以察时变。观乎人文，以化成天下。

《象》曰：山下有火，贲。君子以明庶政，无敢折狱。

初九：贲其趾，舍车而徒。

《象》曰："舍车而徒"，义弗乘也。

六二：贲其须。

《象》曰："贲其须"，与上兴也。

九三：贲如濡如，永贞吉。

《象》曰："永贞"之"吉"，终莫之陵也。

六四：贲如皤如，白马翰如，匪寇婚媾。

《象》曰：六四当位，疑也。"匪寇婚媾"，终无尤也。

六五：贲于丘园，束帛戋戋。吝终吉。

《象》曰：六五之吉，有喜也。

上九：白贲，无咎。

《象》曰："白贲，无咎"，上得志也。

剥，不利有攸往。

《彖》曰：剥，剥也，柔变刚也。"不利有攸往"，小人长也。顺而止之，观象也。君子尚消息盈虚，天行也。

《象》曰：山附于地，剥。上以厚下安宅。

初六：剥床以足，蔑。贞凶。

《象》曰："剥床以足"，以灭下也。

六二：剥床以辨，蔑。贞凶。

《象》曰："剥床以辨"，未有与也。

六三：剥之，无咎。

《象》曰："剥之，无咎"，失上下也。

六四：剥床以肤，凶。

《象》曰："剥床以肤"，切近灾也。

六五：贯鱼以宫人宠，无不利。

《象》曰："以宫人宠"，终无尤也。

上九：硕果不食，君子得舆，小人剥庐。

《象》曰："君子得舆"，民所载也。"小人剥庐"，终不可用也。

复，亨。出入无疾，朋来无咎。反复其道，七日来复，利有攸往。

《彖》曰：复"亨"，动动而以顺行，是以"出入无疾，朋来无咎"。"反复其道，七日来复"，天行也。"利有攸往"，刚长也。复，其见天地之心乎！

《象》曰：雷在地中，复。先王以至日闭关，商旅不行，后不省方。

初九：不远复，无祗悔，元吉。

《象》曰："不远"之"复"，以修身也。

六二：休复，吉。

《象》曰："休复"之吉，以下仁也。

六三：频复，厉无咎。

《象》曰："频复"之"厉"，义无咎也。

六四：中行独复。

《象》曰："中行独复"，以从道也。

六五：敦复，无悔。

《象》曰："敦复无悔"，中以自考也。

上六：迷复，凶，有灾眚。用行师，终有大败。以其国君凶，至于十年不克征。

《象》曰："迷复"之凶，反君道也。

无妄，元亨利贞。其匪正，有眚，不利有攸往。

《彖》曰：无妄，刚自外来而为主于内。动而健，刚中而应。大亨以正，天之命也。"其匪正，有眚，不利有攸往"，无妄之往，何之矣？天命不佑，行矣哉！

《象》曰：天下雷行，物与无妄。先王以茂对时，育万物。

初九：无妄，往吉。

《象》曰："无妄"之往，得志也。

六二：不耕获，不菑畬，则利有攸往。

《象》曰："不耕获"，未富也。

六三：无妄之灾，或系之牛，行人之得，邑人之灾。

《象》曰："行人"得牛，"邑人"灾也。

九四：可贞，无咎。

《象》曰："可贞，无咎"，固有之也。

九五：无妄之疾，勿药有喜。

《象》曰："无妄"之药，不可试也。

上九：无妄行有眚，无攸利。

《象》曰："无妄"之行，穷之灾也。

大畜，利贞，不家食，吉，利涉大川。

《彖》曰：大畜，刚健笃实辉光，日新其德，刚上而尚贤。能止健，大正也。"不家食，吉"，养贤也。"利涉大川"，应乎天也。

《象》曰：天在山中，大畜。君子以多识前言往行，以畜其德。

初九：有厉，利已。

《象》曰："有厉，利已"，不犯灾也。

九二：舆说輹。

《象》曰："舆说輹"，中无尤也。

九三：良马逐，利艰贞。曰闲舆卫，利有攸往。

《象》曰："利有攸往"，上合志也。

六四：童牛之牿，元吉。

《象》曰：六四"元吉"，有喜也。

六五：豮豕之牙，吉。

《象》曰：六五之"吉"，有庆也。

上九：何天之衢，亨。

《象》曰："何天之衢"，道大行也。

颐，贞吉。观颐，自求口实。

《彖》曰：颐"贞吉"，养正则吉也。"观颐"，观其所养也，"自求口实"，观其自养也。天地养万物，圣人养贤以及万民。颐之时义大矣哉！

《象》曰：山下有雷，颐。君子以慎言语，节饮食。

初九：舍尔灵龟，观我朵颐，凶。

《象》曰："观我朵颐"，亦不足贵也。

六二：颠颐，拂经于丘颐，征凶。

《象》曰：六二"征凶"，行失类也。

六三：拂颐，贞凶，十年勿用，无攸利。

《象》曰："十年勿用"，道大悖也。

六四：颠颐，吉，虎视眈眈，其欲逐逐，无咎。

《象》曰："颠颐"之"吉"，上施光也。

六五：拂经，居贞吉，不可涉大川。

《象》曰："居贞"之吉，顺以从上也。

上九：由颐，厉吉，利涉大川。

《象》曰："由颐，厉吉"，大有庆也。

大过，栋桡。利有攸往，亨。

《彖》曰：大过，大者过也。"栋桡"，本末弱也。刚过而中，巽而说行。"利有攸往"，乃"亨"。大过之时大矣哉！

《象》曰：泽灭木，大过。君子以独立不惧，遁世无闷。

初六：藉用白茅，无咎。

《象》曰："藉用白茅"，柔在下也。

九二：枯杨生稊，老夫得其女妻，无不利。

《象》曰："老夫""女妻"，过以相与也。

九三：栋桡，凶。

《象》曰："栋桡"之"凶"，不可以有辅也。

九四：栋隆吉。有它吝。

《象》曰："栋隆"之"吉"，不桡乎下也。

九五：枯杨生华，老妇得其士夫，无咎无誉。

《象》曰："枯杨生华"，何可久也！"老妇""士夫"，亦可丑也！

上六：过涉灭顶，凶，无咎。

《象》曰："过涉"之凶，不可咎也。

习坎，有孚。维心亨，行有尚。

《彖》曰：习坎，重险也。水流而不盈，行险而不失其信。"维心亨"，乃以刚中也。"行有尚"，往有功也。天险，不可升也。地险，山川丘陵也，王公设险以守其国，坎之时用大矣哉！

《象》曰：水洊至，习坎。君子以常德行，习教事。

初六：习坎，入于坎窞，凶。

《象》曰："习坎"入坎，失道凶也。

九二：坎有险，求小得。

《象》曰："求小得"，未出中也。

六三：来之坎坎，险且枕，入于坎窞，勿用。

《象》曰："来之坎坎"，终无功也。

六四：樽酒簋贰用缶，纳约自牖，终无咎。

《象》曰："樽酒簋贰"，刚柔际也。

九五：坎不盈，祇既平，无咎。

《象》曰："坎不盈"，中未大也。

上六：系用徽纆，置于丛棘，三岁不得，凶。

《象》曰：上六失道，凶"三岁"也。

离为火

离，利贞，亨。畜牝牛吉。

《彖》曰：离，丽也。日月丽乎天，百谷草木丽乎土，重明以丽乎正，乃化成天下。柔丽乎中正，故"亨"；是以"畜牝牛吉"也。

《象》曰：明两作，离。大人以继明照于四方。

初九：履错然，敬之无咎。

《象》曰："履错"之"敬"，以辟咎也。

六二：黄离，元吉。

《象》曰："黄离元吉"，得中道也。

九三：日昃之离，不鼓缶而歌，则大耋之嗟，凶。

象曰："日昃之离"，何可久也。

九四：突如其来如。焚如，死如，弃如。

《象》曰："突如其来如"，无所容也。

六五：出涕沱若，戚嗟若，吉。

《象》曰：六五之吉，离王公也。

上九：王用出征，有嘉折首，获匪其丑，无咎。

《象》曰："王用出征"，以正邦也。

泽山咸

☰
☷

咸，亨，利贞，取女吉。

《彖》曰：咸，感也。柔上而刚下，二气感应以相与，止而说，男下女，是以"亨，利贞，取女吉"也。天地感而万物化生，圣人感人心而天下和平。观其所感，而天地万物之情可见矣！

《象》曰：山上有泽，咸。君子以虚受人。

初六：咸其拇。

《象》曰："咸其拇"，志在外也。

六二：咸其腓，凶，居吉。

《象》曰：虽"凶，居吉"，顺不害也。

九三：咸其股，执其随，往吝。

《象》曰："咸其股"，亦不处也。志在随人，所执下也。

九四：贞吉悔亡，憧憧往来，朋从尔思。

《象》曰："贞吉悔亡"，未感害也。"憧憧往来"，未光大也。

九五：咸其脢，无悔。

《象》曰："咸其脢"，志末也。

上六：咸其辅颊舌。

《象》曰："咸其辅颊舌"，滕口说也。

恒，亨，无咎，利贞。利有攸往。

《彖》曰：恒，久也。刚上而柔下，雷风相与，巽而动，刚柔皆应，"恒。恒，亨。无咎，利贞"，久于其道也。天地之道，恒久而不已也。"利有攸往"，终则有始也。日月得天而能久照，四时变化而能久成，圣人久其于道，而天下化成。观其所恒，而天地万物之情可见矣。

《象》曰：雷风恒。君子以立不易方。

初六：浚恒，贞凶，无攸利。

《象》曰："浚恒"之凶，始求深也。

九二：悔亡。

《象》曰：九二"悔亡"，能久中也。

九三：不恒其德，或承之羞，贞吝。

《象》曰："不恒其德"，无所容也。

九四：田无禽。

《象》曰：久非其位，安得禽也！

六五：恒其德。贞，妇人吉，夫子凶。

《象》曰："妇人"贞吉，从一而终也。"夫子"制义，从妇凶也。

上六：振恒，凶。

《象》曰："振恒"在上，大无功也。

遁，亨，小利贞。

《彖》曰：遁"亨"，遁而亨也。刚当位而应，与时行也。小利贞，浸而长也。遁之时义大矣哉！

象曰：天下有山，遁。君子以远小人，不恶而严。

初六：遁尾，厉，勿用有攸往。

《象》曰："遁尾"之"厉"，不往何灾也。

六二：执之用黄牛之革，莫之胜说。

《象》曰：执用"黄牛"，固志也。

九三：系遁，有疾厉，畜臣妾吉。

《象》曰："系遁"之厉，有疾惫也。"畜臣妾吉"，不可大事也。

九四：好遁，君子吉，小人否。

《象》曰：君子"好遁"，"小人否"也。

九五：嘉遁，贞吉。

《象》曰："嘉遁，贞吉"，以正志也。

上九：肥遁，无不利。

《象》曰："肥遁，无不利"，无所疑也。

大壮，利贞。

《彖》曰：大壮，大者壮也。刚以动，故壮。大壮"利贞"，大者正也。正大而天地之情可见矣。

《象》曰：雷在天上，大壮。君子以非礼勿履。

初九：壮于趾，征凶有孚。

《象》曰："壮于趾"，其"孚"穷也。

九二：贞吉。

《象》曰：九二"贞吉"，以中也。

九三：小人用壮，君子用罔。贞厉。羝羊触藩，羸其角。

《象》曰："小人用壮"，君子罔也。

九四：贞吉悔亡，藩决不羸，壮于大舆之輹。

《象》曰："藩决不羸"，尚往也。

六五：丧羊于易，无悔。

《象》曰："丧羊于易"，位不当也。

上六：羝羊触藩，不能退，不能遂，无攸利，艰则吉。

《象》曰："不能退，不能遂"，不详也。"艰则吉"，咎不长也。

晋，康侯用锡马蕃庶，昼日三接。

《彖》曰：晋，进也。明出地上，顺而丽乎大明，柔进而上行。是以"康侯用锡马蕃庶，昼日三接"也。

《象》曰："明出地上"，晋。君子以自昭明德。

初六：晋如摧如，贞吉。罔孚。裕无咎。

《象》曰："晋如摧如"，独行正也。"裕无咎"，未受命也。

六二：晋如愁如，贞吉。受兹介福，于其王母。

《象》曰："受兹介福"，以中正也。

六三：众允，悔亡。

《象》曰："众允"之志，上行也。

九四：晋如硕鼠，贞厉。

《象》曰："硕鼠，贞厉"，位不当也。

六五：悔亡，失得勿恤。往吉，无不利。

《象》曰："失得勿恤"，往有庆也。

上九：晋其角，维用伐邑，厉吉无咎，贞吝。

《象》曰："维用伐邑"，道未光也。

明夷，利艰贞。

《彖》曰：明入地中，"明夷"。内文明而外柔顺，以蒙大难，文王以之。"利艰贞"，晦其明也。内难而能正其志，箕子以之。

《象》曰：明入地中，明夷。君子以莅众，用晦而明。

初九：明夷于飞垂其翼。君子于行，三日不食，有攸往，主人有言。

《象》曰："君子于行"，义不食也。

六二：明夷（夷）于左股。用拯马壮吉。

《象》曰：六二之"吉"，顺以则也。

九三：明夷于南狩，得其大首。不可疾贞。

《象》曰："南狩"之志，乃大得也。

六四：入于左腹，获明夷之心于出门庭。

《象》曰："入于左腹"，获心意也。

六五：箕子之明夷，利贞。

《象》曰："箕子"之贞，明不可息也。

上六：不明晦，初登于天，后入于地。

《象》曰："初登于天"，照四国也；"后入于地"，失则也。

家人，利女贞。

《彖》曰：家人，女正位乎内，男正位乎外，男女正，天地之大义也。家人有严君焉，父母之谓也。父父、子子，兄兄、弟弟，夫夫、妇妇，而家道正。正家，而天下定矣。

《象》曰：风自火出，家人。君子以言有物，而行有恒。

初九：闲有家，悔亡。

《象》曰："闲有家"，志未变也。

六二：无攸遂，在中馈，贞吉。

《象》曰：六二之"吉"，顺以巽也。

九三：家人嗃嗃，悔厉吉。妇子嘻嘻，终吝。

《象》曰："家人嗃嗃"，未失也；"妇子嘻嘻"，失家节也。

六四：富家，大吉。

《象》曰："富家，大吉"，顺在位也。

九五：王假有家，勿恤，吉。

《象》曰："王假有家"，交相爱也。

上九：有孚威如。终吉。

《象》曰："威如"之"吉"，反身之谓也。

睽，小事吉。

《彖》曰：睽，火动而上，泽动而下。二女同居，其志不同行。说而丽乎明，柔进而上行，得中而应乎刚，是以"小事吉"。天地睽而其事同也，男女睽而其志通也，万物睽而其事类也。睽之时用大矣哉！

《象》曰：上火下泽，睽。君子以同而异。

初九：悔亡，丧马勿逐，自复。见恶人，无咎。

《象》曰："见恶人"，以辟咎也。

九二：遇主于巷，无咎。

《象》曰："遇主于巷"，未失道也。

六三：见舆曳，其牛掣其人。天且劓，无初有终。

《象》曰："见舆曳"，位不当也。"无初有终"，遇刚也。

九四：睽孤遇元夫。交孚厉无咎。

《象》曰："交孚""无咎"，志行也。

六五：悔亡。厥宗噬肤，往何咎。

《象》曰："厥宗噬肤"，往有庆也。

上九：睽孤。见豕负涂，载鬼一车。先张之弧，后说之弧。匪寇婚媾。往遇雨则吉。

《象》曰："遇雨"之吉，群疑亡也。

蹇，利西南，不利东北。利见大人，贞吉。

《彖》曰：蹇，难也，险在前也。见险而能止，知矣哉！蹇"利西南"，往得中也；"不利东北"，其道穷也。"利见大人"，往有功也。当位"贞吉"，以正邦也。蹇之时用大矣哉！

《象》曰：山上有水，蹇。君子以反身修德。

初六：往蹇来誉。

《象》曰："往蹇来誉"，宜待也。

六二：王臣蹇蹇，匪躬之故。

《象》曰："王臣蹇蹇"，终无尤也。

九三：往蹇来反。

《象》曰："往蹇来反"，内喜之也。

六四：往蹇来连。

《象》曰："往蹇来连"，当位实也。

九五：大蹇朋来。

《象》曰："大蹇朋来"，以中节也。

上六：往蹇来硕。吉，利见大人。

《象》曰："往蹇来硕"，志在内也。"利见大人"，以从贵也。

解，利西南，无所往，其来复吉。有攸往夙吉。

《彖》曰：解，险以动，动而免乎险，解。解"利西南"，往得众也。"其来复吉"，乃得中也。"有攸往夙吉"，往有功也。天地解而雷雨作，雷雨作而百果草木皆甲坼，解之时义大矣哉！

《象》曰：雷雨作，解。君子以赦过宥罪。

初六：无咎。

《象》曰：刚柔之际，义"无咎"也。

九二：田获三狐，得黄矢，贞吉。

《象》曰：九二"贞吉"，得中道也。

六三：负且乘，致寇至，贞吝。

《象》曰："负且乘"，亦可丑也，自我致戎，又谁咎也！

九四：解而拇，朋至斯孚。

《象》曰："解而拇"，未当位也。

六五：君子维有解，吉。有孚于小人。

《象》曰：君子"有解"，小人退也。

上六：公用射隼于高墉之上，获之，无不利。

《象》曰："公用射隼"，以解悖也。

损，有孚，元吉，无咎，可贞。利有攸往。曷之用二簋？可用享。

《彖》曰：损，损下益上，其道上行。损而"有孚。元吉，无咎，可贞。利有攸往。曷之用二簋？可用享"，二簋应有时。损刚益柔有时，损益盈虚，与时偕行。

《象》曰：山下有泽，损。君子以惩忿窒欲。

初九：已事遄往。无咎，酌损之。

《象》曰：已事遄往。尚合志也。

九二：利贞，征凶。弗损益之。

《象》曰：九二"利贞"，中以为志也。

六三：三人行则损一人；一人行则得其友。

《象》曰："一人"行，"三"则疑也。

六四：损其疾，使遄有喜，无咎。

《象》曰："损其疾"，亦可喜也。

六五：或益之十朋之龟，弗克违，元吉。

《象》曰：六五"元吉"，自上祐也。

上九：弗损益之，无咎，贞吉，利有攸往，得臣无家。

《象》曰："弗损益之"，大得志也。

益，利有攸往，利涉大川。

《彖》曰：益，损上益下，民说无疆，自上下下，其道大光。"利有攸往"中正有庆；"利涉大川"，木道乃行。益动而巽，日进无疆；天施地生，其益无方。凡益之道，与时偕行。

《象》曰：风雷益。君子以见善则迁，有过则改。

初九：利用为大作，元吉无咎。

《象》曰："元吉无咎"，下不厚事也。

六二：或益之十朋之龟，弗克违。永贞吉。王用享于帝，吉。

《象》曰："或益之"，自外来也。

六三：益之用凶事，无咎。有孚中行，告公用圭。

《象》曰："益用凶事"，固有之也。

六四：中行告公从。利用为依迁国。

《象》曰："告公从"，以益志也。

九五：有孚惠心。勿问元吉。有孚惠我德。

《象》曰："有孚惠心"，勿问之矣。"惠我德"，大得志也。

上九：莫益之，或击之。立心勿恒，凶。

《象》曰："莫益之"，偏辞也。"或击之"，自外来也。

夬，扬于王庭。孚号有厉。告自邑，不利即戎，利有攸往。

《彖》曰：夬，决也。刚决柔也。健而说，决而和。"扬于王庭"，柔乘五刚也。"孚号有厉"，其危乃光也。"告自邑，不利即戎"，所尚乃穷也。"利有攸往"，刚长乃终也。

《象》曰：泽上于天，夬。君子以施禄及下，居德则忌。

初九：壮于前趾，往不胜为咎。

《象》曰："不胜"而往，咎也。

九二：惕号，莫夜有戎，勿恤。

《象》曰："有戎，勿恤"，得中道也。

九三：壮于頄，有凶。君子夬夬，独行遇雨，若濡有愠，无咎。

《象》曰："君子夬夬"，终无咎也。

九四：臀无肤，其行次且。牵羊悔亡，闻言不信。

《象》曰："其行次且"，位不当也。"闻言不信"，聪不明也。

九五：苋陆夬夬，中行无咎。

《象》曰："中行无咎"，中未光也。

上六：无号，终有凶。

《象》曰："无号"之凶，终不可长也。

姤，女壮，勿用取女。

《彖》曰：姤，遇也，柔遇刚也。"勿用取女"，不可与长也。天地相遇，品物咸章也。刚遇中正，天下大行也。姤之时义大矣哉！

《象》曰：天下有风，姤。后以施命诰四方。

初六：系于金柅，贞吉，有攸往，见凶，羸豕孚蹢躅。

《象》曰："系于金柅"，柔道牵也。

九二：包有鱼，无咎，不利宾。

《象》曰："包有鱼"，义不及宾也。

九三：臀无肤，其行次且，厉无大咎。

《象》曰："其行次且"，行未牵也。

九四：包无鱼，起凶。

《象》曰："无鱼"之"凶"，远民也。

九五：以杞包瓜，含章，有陨自天。

《象》曰：九五"含章"，中正也。"有陨自天"，志不舍命也。

上九：姤其角，吝，无咎。

《象》曰："姤其角"，上穷吝也。

泽
地
萃

萃，亨。王假有庙，利见大人，亨利贞。用大牲吉。利有攸往。

《彖》曰：萃，聚也。顺以说，刚中而应，故聚也。"王假有庙"，致孝享也。"利见大人，亨"，聚以正也。"用大牲吉，利有攸往"，顺天命也。观其所聚，而天地万物之情可见矣！

《象》曰：泽上于地，萃。君子以除戎器，戒不虞。

初六：有孚不终，乃乱乃萃。若号，一握为笑，勿恤，往无咎。

《象》曰："乃乱乃萃"，其志乱也。

六二：引吉无咎，孚乃利用禴。

《象》曰："引吉无咎"，中未变也。

六三：萃如嗟如，无攸利，往无咎，小吝。

《象》曰："往无咎"，上巽也。

九四：大吉，无咎。

《象》曰："大吉，无咎"，位不当也。

九五：萃有位，无咎。匪孚，元永贞，悔亡。

《象》曰："萃有位"，志未光也。

上六：赍咨涕洟，无咎。

《象》曰："赍咨涕洟"，未安上也。

升，元亨，用见大人，勿恤，南征吉。

《彖》曰：柔以时升，巽而顺，刚中而应，是以大亨。"用见大人，勿恤"，有庆也。"南征吉"，志行也。

《象》曰：地中生木，升。君子以顺德，积小以高大。

初六：允升，大吉。

《象》曰："允升，大吉"，上合志也。

九二：孚乃利用禴，无咎。

《象》曰：九二之"孚"，有喜也。

九三：升虚邑。

《象》曰："升虚邑"，无所疑也。

六四：王用亨于岐山，吉，无咎。

《象》曰："王用亨于岐山"，顺事也。

六五：贞吉，升阶。

《象》曰："贞吉，升阶"，大得志也。

上六：冥升，利于不息之贞。

《象》曰："冥升"在上，消不富也。

困，亨。贞大人吉，无咎。有言不信。

《彖》曰：困，刚掩也。险以说，困而不失其所"亨"。其唯君子乎？"贞大人吉"，以刚中也。"有言不信"，尚口乃穷也。

《象》曰：泽无水，困。君子以致命遂志。

初六：臀困于株木，入于幽谷，三岁不觌。

《象》曰："入于幽谷"，幽不明也。

九二：困于酒食，朱绂方来，利用亨祀。征凶，无咎。

《象》曰："困于酒食"，中有庆也。

六三：困于石，据于蒺藜，入于其宫，不见其妻，凶。

《象》曰："据于蒺藜"，乘刚也。"入于其宫，不见其妻"，不详也。

九四：来徐徐，困于金车，吝有终。

《象》曰："来徐徐"，志在下也。虽不当位，有与也。

九五：劓刖，困于赤绂，乃徐有说，利用祭祀。

《象》曰："劓刖"，志未得也。"乃徐有说"，以中直也。"利用祭祀"，受福也。

上六：困于葛藟，于臲卼，曰动悔有悔，征吉。

《象》曰："困于葛藟"，未当也。"动悔有悔"，吉行也。

井，改邑不改井，无丧无得，往来井井。汔至，亦未繘井，羸其瓶，凶。

《彖》曰：巽乎水而上水，井。井养而不穷也。"改邑不改井"，乃以刚中也。"汔至，亦未繘井"，未有功也。"羸其瓶"，是以凶也。

《象》曰：木上有水，井。君子以劳民劝相。

初六：井泥不食，旧井无禽。

《象》曰："井泥不食"，下也。"旧井无禽"，时舍也。

九二：井谷射鲋，瓮敝漏。

《象》曰："井谷射鲋"，无与也。

九三：井渫不食，为我心恻，可用汲，王明并受其福。

《象》曰："井渫不食"，行恻也。求"王明"，受福也。

六四：井甃，无咎。

《象》曰："井甃，无咎"，修井也。

九五：井洌，寒泉食。

《象》曰："寒泉"之食，中正也。

上六：井收勿幕，有孚无吉。

《象》曰："元吉"在上，大成也。

革，己日乃孚，元亨。利贞，悔亡。

《彖》曰：革，水火相息，二女同居，其志不相得，曰革。"己日乃孚"，革而信之。文明以说，大亨以正，革而当，其悔乃亡。天地革而四时成，汤武革命，顺乎天而应乎人，革之时大矣哉！

《象》曰：泽中有火，革。君子以治历明时。

初九：巩用黄牛之革。

《象》曰："巩用黄牛"，不可以有为也。

六二：己日乃革之。征吉，无咎。

《象》曰："己日"，"革之"，行有嘉也。

九三：征凶，贞厉，革言三就，有孚。

《象》曰："革言三就"，又何之矣？

九四：悔亡，有孚改命，吉。

《象》曰："改命"之吉，信志也。

九五：大人虎变，未占有孚。

《象》曰："大人虎变"，其文炳也。

上六：君子豹变，小人革面，征凶，居贞吉。

《象》曰："君子豹变"，其文蔚也。"小人革面"，顺以从君也。

鼎，元吉亨。

《彖》曰：鼎，象也。以木巽火，亨饪也。圣人亨以享上帝，而大亨以养圣贤。巽而耳目聪明，柔进而上行，得中而应乎刚。是以元亨。

《象》曰：木上有火，鼎。君子以正位凝命。

初六：鼎颠趾，利出否，得妾以其子，无咎。

《象》曰："鼎颠趾"，未悖也。"利出否"，以从贵也。

九二：鼎有实，我仇有疾，不我能即，吉。

《象》曰："鼎有实"，慎所之也。"我仇有疾"，终无尤也。

九三：鼎耳革，其行塞，雉膏不食，方雨亏悔，终吉。

《象》曰："鼎耳革"，失其义也。

九四：鼎折足，覆公𫗧，其形渥，凶。

《象》曰："覆公𫗧"，信如何也？

六五：鼎黄耳，金铉。利贞。

《象》曰："鼎黄耳"，中以为实也。

上九：鼎玉铉，大吉无不利。

《象》曰："玉铉"在上，刚柔节也。

震，亨。震来虩虩，笑言哑哑。震惊百里，不丧匕鬯。

《彖》曰："震，亨。震来虩虩"，恐致福也。"笑言哑哑"，后有则也。"震惊百里"，惊远而惧迩也。出可以守宗庙社稷，以为祭主也。

《象》曰：洊雷，震。君子以恐惧修省。

初九：震来虩虩，后笑言哑哑，吉。

《象》曰："震来虩虩"，恐致福也。"笑言哑哑"，后有则也。

六二：震来厉。亿丧贝。跻于九陵，勿逐，七日得。

《象》曰："震来厉"，乘刚也。

六三：震苏苏，震行无眚。

《象》曰："震苏苏"，位不当也。

九四：震遂泥。

《象》曰："震遂泥"，未光也。

六五：震往来厉，亿，无丧有事！

《象》曰："震往来厉"，危行也。其事在中，大无丧也。

上六：震索索，视矍矍。征凶，震不于其躬。于其邻，无咎。婚媾有言。

《象》曰："震索索"，未得中也。虽凶无咎，畏邻戒也。

艮，艮其背，不获其身。行其庭不见其人，无咎。

《彖》曰：艮，止也。时止则止，时行则行，动静不失其时，其道光明。艮其止，止其所也。上下敌应，不相与也。是以"不获其身，行其庭不见其人，无咎"也。

《象》曰：兼山，艮。君子以思不出其位。

初六：艮其趾，无咎，利永贞。

《象》曰："艮其趾"，未失正也。

六二：艮其腓，不拯其随，其心不快。

《象》曰："不拯其随"，未退听也。

九三：艮其限，列其夤，厉薰心。

《象》曰："艮其限"，危薰心也。

六四：艮其身，无咎。

《象》曰："艮其身"，止诸躬也。

六五：艮其辅，言有序，悔亡。

《象》曰："艮其辅"，以中正也。

上九：敦艮，吉。

《象》曰："敦艮"之"吉"，以厚终也。

渐，女归吉，利贞。

《彖》曰：渐之进也，女归吉也。进得位，往有功也。进以正，可以正邦也。其位，刚得中也。止而巽，动不穷也。

《象》曰：山上有木，渐。君子以居贤德，善俗。

初六：鸿渐于干，小子厉，有言无咎。

《象》曰："小子"之"厉"，义无咎也。

六二：鸿渐于磐，饮食衎衎，吉。

《象》曰：饮食衎衎，不素饱也。

九三：鸿渐于陆。夫征不复，妇孕不育，凶。利御寇。

《象》曰："夫征不复"，离群丑也。"妇孕不育"，失其道也。"利用御寇"，顺相保也。

六四：鸿渐于木，或得其桷，无咎。

《象》曰："或得其桷"，顺以巽也。

九五：鸿渐于陵，妇三岁不孕，终莫之胜，吉。

《象》曰："终莫之胜，吉"，得所愿也。

上九：鸿渐于陆，其羽可用为仪，吉。

《象》曰："其羽可用为仪，吉"，不可乱也。

归妹，征凶，无攸利。

《彖》曰：归妹，天地之大义也。天地不交而万物不兴。归妹，人之终始也。说以动，所归妹也。"征凶"，位不当也。"无攸利"，柔乘刚也。

《象》曰：泽上有雷，归妹。君子以永终知敝。

初九：归妹以娣，跛能履。征吉。

《象》曰："归妹以娣"，以恒也。"跛能履"吉相承也。

九二：眇能视，利幽人之贞。

《象》曰："利幽人之贞"，未变常也。

六三：归妹以须，反归以娣。

《象》曰："归妹以须"，未当也。

九四：归妹愆期，迟归有时。

《象》曰："愆期"之志，有待而行也。

六五：帝乙归妹，其君之袂，不如其娣之袂良，月几望，吉。

《象》曰："帝乙归妹"，"不如其娣之袂良也"。其位在中，以贵行也。

上六：女承筐，无实。士刲羊，无血，无攸利。

《象》曰：上六"无实"，承虚筐也。

丰，亨，王假之，勿忧，宜日中。

《彖》曰：丰，大也。明以动，故丰。"王假之"，尚大也。"勿忧，宜日中"，宜照天下也。日中则昃，月盈则食，天地盈虚，与时消息，而况于人乎！况于鬼神乎！

《象》曰：雷电皆至，丰。君子以折狱致刑。

初九：遇其配主，虽旬无咎，往有尚。

《象》曰："虽旬无咎"，过旬灾也。

六二：丰其蔀，日中见斗，往得疑疾，有孚发若，吉。

《象》曰："有孚发若"，信以发志也。

九三：丰其沛，日中见沫，折其右肱，无咎。

《象》曰："丰其沛"，不可大事也。"折其右肱"，终不可用也。

九四：丰其蔀，日中见斗。遇其夷主，吉。

《象》曰："丰其蔀"，位不当也。"日中见斗"，幽不明也。"遇其夷主"，吉行也。

六五：来章，有庆誉，吉。

《象》曰：六五之"吉"，有庆也。

上六：丰其屋，蔀其家，窥其户，阒其无人，三岁不觌，凶。

《象》曰："丰其屋'，天际翔也。""窥其户，阒其无人"，自藏也。

旅，小亨，旅贞吉。

《彖》曰：旅"小亨"，柔得中乎外而顺乎刚，止而丽乎明，是以"小亨，旅贞吉"也。旅之时义大矣哉！

《象》曰：山上有火，旅。君子以明慎用刑而不留狱。

初六：旅琐琐，斯其所取灾。

《象》曰："旅琐琐"，志穷灾也。

六二：旅即次，怀其资，得童仆，贞。

《象》曰："得童仆，贞"，终无尤也。

九三：旅焚其次，丧其童仆，贞厉。

《象》曰："旅焚其次"，亦以伤矣。以旅与下，其义丧也。

九四：旅于处，得其资斧，我心不快。

《象》曰："旅于处"，未得位也。"得其资斧"，心未快也。

六五：射雉，一矢亡，终以誉命。

《象》曰："终以誉命"，上逮也。

上九：鸟焚其巢，旅人先笑后号啕，丧牛于易，凶。

《象》曰：以旅在上，其义焚也。"丧牛于易"，终莫之闻也。

巽
为
风

䷸

巽，小亨，利有攸往，利见大人。

《彖》曰：重巽以申命，刚巽乎中正而志行，柔皆顺乎刚，是以"小亨，利有攸往，利见大人"。

《象》曰：随风，巽。君子以申命行事。

初六：进退，利武人之贞。

《象》曰："进退"，志疑也。"利武人之贞"，志治也。

九二：巽在床下。用史巫纷若。吉，无咎。

《象》曰："纷若"之"吉"，得中也。

九三：频巽，吝。

《象》曰："频巽"之"吝"，志穷也。

六四：悔亡，田获三品。

《象》曰："田获三品"，有功也。

九五：贞吉悔亡，无不利。无初有终，先庚三日，后庚三日，吉。

《象》曰：九五之"吉"，位正中也。

上九：巽在床下，丧其资斧，贞凶。

《象》曰："巽在床下"，上穷也。"丧其资斧"，正乎凶也。

兑，亨，利贞。

《彖》曰：兑，说也。刚中而柔外，说以利贞，是以顺乎天而应乎人。说以先民，民忘其劳；说以犯难，民忘其死。说之大，民劝矣哉！

《象》曰：丽泽，兑。君子以朋友讲习。

初九：和兑，吉。

《象》曰："和兑"之"吉"，行未疑也。

九二：孚兑，吉，悔亡。

《象》曰："孚兑"之"吉"，信志也。

六三：来兑，凶。

《象》曰："来兑"之"凶"，位不当也。

九四：商兑未宁，介疾有喜。

《象》曰：九四之"喜"，有庆也。

九五：孚于剥，有厉。

《象》曰："孚于剥"，位正当也。

上六：引兑。

《象》曰：上六"引兑"，未光也。

涣，亨。王假有庙，利涉大川，利贞。

《彖》曰：涣，亨，刚来而不穷，柔得位乎外而上同。王假有庙，王乃在中也。"利涉大川"，乘木有功也。

《象》曰：风行水上，涣。先王以享于帝立庙。

初六：用拯马壮，吉。

《象》曰：初六之"吉"，顺也。

九二：涣奔其机，悔亡。

《象》曰："涣奔其机"，得愿也。

六三：涣其躬，无悔。

《象》曰："涣其躬"，志在外也。

六四：涣其群，元吉。涣有丘，匪夷所思。

《象》曰："涣其群，元吉"，光大也。

九五：涣汗其大号。涣王居，无咎。

《象》曰："王居，无咎"，正位也。

上九：涣其血，去逖出，无咎。

《象》曰："涣其血"，远害也。

节，亨。苦节，不可贞。

《彖》曰：节"亨"，刚柔分而刚得中。"苦节，不可贞"，其道穷也。说以行险，当位以节，中正以通。天地节而四时成。节以制度，不伤财，不害民。

《象》曰：泽上有水，节。君子以制数度，议德行。

初九：不出户庭，无咎。

《象》曰："不出户庭"，知通塞也。

九二：不出门庭，凶。

《象》曰："不出门庭凶"，失时极也。

六三：不节若，则嗟若，无咎。

《象》曰：不节之嗟，又谁咎也？

六四：安节，亨。

《象》曰："安节"之"亨"，承上道也。

九五：甘节，吉。往有尚。

《象》曰："甘节"之"吉"，居位中也。

上六：苦节，贞，凶，悔亡。

《象》曰："苦节，贞，凶"，其道穷也。

中孚，豚鱼，吉。利涉大川，利贞。

《彖》曰：中孚，柔在内而刚得中。说而巽。孚乃化邦也。"豚鱼，吉"，信及豚鱼也。"利涉大川"，乘木舟虚也。中孚以利贞，乃应乎天也。

《象》曰：泽上有风，中孚。君子以议狱缓死。

初九：虞吉，有它不燕。

《象》曰：初九"虞吉"，志未变也。

九二：鸣鹤在阴，其子和之。我有好爵，吾与尔靡之。

《象》曰："其子和之"，中心愿也。

六三：得敌，或鼓或罢，或泣或歌。

《象》曰："可鼓或罢"，位不当也。

六四：月几望，马匹亡，无咎。

《象》曰："马匹亡"，绝类上也。

九五：有孚挛如，无咎。

《象》曰："有孚挛如"，位正当也。

上九：翰音登于天，贞凶。

《象》曰："翰音登于天"，何可长也？

小过，亨，利贞，可小事，不可大事。飞鸟遗之音，不宜上宜下，大吉。

《彖》曰：小过，小者过而"亨"也。过以"利贞"，与时行也。柔得中，是以"小事"吉也。刚失位而不中，是以"不可大事"也。有飞鸟之象焉。"飞鸟遗之音，不宜上宜下，大吉"，上逆而下顺也。

《象》曰：山上有雷，小过。君子以行过乎恭，丧过乎哀，用过乎俭。

初六：飞鸟以凶。

《象》曰："飞鸟以凶"，不可如何也！

六二：过其祖，遇其妣。不及其君，遇其臣。无咎。

《象》曰："不及其君"，臣不可过也。

九三：弗过防之，从或戕之。凶。

《象》曰："从或戕之"，凶如何也？

九四：无咎。弗过遇之，往厉必戒，勿用永贞。

《象》曰："弗过遇之"，位不当也。"往厉必戒"，终不可长也。

六五：密云不雨，自我西郊。公弋取彼在穴。

《象》曰："密云不雨"，已上也。

上六：弗遇过之，飞鸟离之。凶，是谓灾眚。

《象》曰："弗遇过之"，已亢也。

既济，亨小，利贞。初吉终乱。

《彖》曰：既济"亨"，小者亨也。"利贞"，刚柔正而位当也。初吉，柔得中也。终止则乱，其道穷也。

《象》曰：水在火上，既济。君子以思患而预防之。

初九：曳其轮，濡其尾，无咎。

《象》曰："曳其轮"，义无咎也。

六二：妇丧其茀，勿逐，七日得。

《象》曰："七日得"，以中道也。

九三：高宗伐鬼方，三年克之，小人勿用。

《象》曰："三年克之"，惫也。

六四：繻有衣袽，终日戒。

《象》曰："终日戒"，有所疑也。

九五：东邻杀牛，不如西邻之禴祭，实受其福。

《象》曰："东邻杀牛"，不如西邻之时也。"实受其福"，吉大来也。

上六：濡其首，厉。

《象》曰："濡其首，厉"，何可久也？

未济，亨，小狐汔济。濡其尾，无攸利。

《彖》曰：未济。"亨"，柔得中也。"小狐汔济"，未出中也。"濡其尾，无攸利"，不续终也。虽不当位，刚柔应也。

《象》曰：火在水上，未济。君子以慎辨物居方。

初六：濡其尾，吝。

《象》曰："濡其尾"，亦不知极也。

九二：曳其轮，贞吉。

《象》曰：九二"贞吉"，中以行正也。

六三：未济，征凶，利涉大川。

《象》曰："未济，征凶"，位不当也。

九四：贞吉，悔亡。震用伐鬼方，三年有赏于大国。

《象》曰："贞吉，悔亡"，志行也。

六五：贞吉无悔。君子之光，有孚，吉。

《象》曰："君子之光"，其晖吉也。

上九：有孚于饮酒，无咎，濡其首，有孚失是。

《象》曰：饮酒"濡首"，亦不知节也。

写在后面的话

2017年1月，中共中央办公厅、国务院办公厅印发《关于实施中华优秀传统文化传承发展工程的意见》。

哲学大师冯友兰唯一遗言：中国将来一定会大放异彩，要注意《易经》。

欧洲哲学家捷思：谈到人类智慧的宝典，首推中国的《易经》。

在《易经》面前，仁者见仁、智者见智。本人更是懵懂少年。但若干年来苦心寻觅天南海北各种石108块，以一种十分新颖的方式和独特视角与时俱进地解读祖先之宝典，完成了一部《石说64卦》。内心深处如果没有对中华"大道之源"的敬畏和深爱恐怕是很难为之的。喜石赏石，修身养性；集齐诸石，感恩天地造物之功！读易知易，修己安人；师古烁今，感恩祖先智慧之晶！《自序》道出了初心和初衷。

此时此刻，如果您正手捧《石说64卦》，简短的篇章里，如果有您认同和赞许的地方，那也将是我莫大的荣光和荣幸，但，这都必将归功于祖之宝典！如果还有有识之士想把每一块石轻轻地捧在手上，用心同频感悟这"石说"、协力共振推介这"石说"，让这"石说"

产生更大的文化价值和社会价值，实乃是功德无量的事。

任何事情只有符合时代发展之大势，且能够给人以积极向上的正能量，同时更要经得起时间的检验，才能称其为有价值。当前"新冠"疫情全球肆虐，百年未有之变局深刻影响当今世界互联共通未来新走向。何去何从，人类的"东方智慧"倍显珍贵！石有价，"易"无价。因相信而看见！

卫东

2020.10